全本全注全译丛书

中华经典名著

张　景　张松辉◎译注

素　书

中華書局

图书在版编目（CIP）数据

素书/张景,张松辉译注. —北京:中华书局,2022.12
（2025.3 重印）
（中华经典名著全本全注全译丛书）
ISBN 978-7-101-16008-6

Ⅰ.素… Ⅱ.①张…②张… Ⅲ.①个人-修养-中国-古代
②《素书》-注释③《素书》-译文 Ⅳ.B825

中国版本图书馆 CIP 数据核字（2022）第 231024 号

书　名	素　书
译注者	张　景　张松辉
丛书名	中华经典名著全本全注全译丛书
责任编辑	舒　琴
装帧设计	毛　淳
责任印制	韩馨雨
出版发行	中华书局

（北京市丰台区太平桥西里 38 号　100073）
http://www.zhbc.com.cn
E-mail:zhbc@zhbc.com.cn

印　　刷	北京中科印刷有限公司
版　　次	2022 年 12 月第 1 版
	2025 年 3 月第 6 次印刷
规　　格	开本/880×1230 毫米　1/32
	印张 7⅞　字数 165 千字
印　　数	120001-150000 册
国际书号	ISBN 978-7-101-16008-6
定　　价	28.00 元

目录

前言

　　《素书》又称《黄石公素书》，相传作者是秦末汉初著名谋略家张良的老师黄石公。本书不仅以精炼的格言总结了前人修身、治国的世间智慧，而且从作者生平到传承过程，都充满了浓郁的世外神秘色彩。切实可行的世间智慧与云笼雾罩的神秘色彩相融合这一特点，极大地提高了人们对本书内容的膜拜程度，北宋宰相张商英就对全书的思想给予了至高无上的评价，认为即便是古今圣贤，其思想也没能超越《素书》。

一、神秘的作者与神秘的传承

　　按照一些史书以及北宋宰相张商英《素书序》的记载，《素书》的传授者是秦汉之交极具神秘色彩的黄石公。关于黄石公的生平，《史记·留侯世家》有一个简单的介绍：

　　　　良尝闲从容步游下邳圯上，有一老父，衣褐，至良所，直堕其履圯下，顾谓良曰："孺子，下取履！"良鄂然，欲殴之。为其老，强忍，下取履。父曰："履我！"良业为取履，因长跪履之。父以足受，笑而去。良殊大惊，随目之。

　　　　父去里所，复还，曰："孺子可教矣。后五日平明，与我会此。"良因怪之，跪曰："诺。"五日平明，良往。父已先在，怒曰："与老人期，后，何也？"去，曰："后五日早会。"五日鸡鸣，良往，父又先在，复怒曰："后，何也？"去，曰："后五日复早来。"五日，良夜未半往。有顷，父亦来，喜曰："当如是。"出一编书，曰："读此则为王者师矣。后十年兴。十三年孺子见我济北，穀城山下黄石即我矣。"遂去，无他言，不复见。旦日视其书，乃《太公兵法》也。良因异之，常习诵读之。……

子房始所见下邳圯上老父与《太公书》者，后十三年从高帝过济北，果见穀城山下黄石，取而葆祠之。留侯死，并葬黄石（冢）。每上冢伏腊，祠黄石。

秦始皇统一中国后，张良为了替自己的韩国报仇，便与力士埋伏在博浪沙（又名博狼沙，在今河南原阳东南）袭击出巡的秦始皇。袭击失败后，张良逃亡到了下邳（今江苏邳州）。有一天，张良在下邳的一座桥上漫步，有一位老人，穿着粗布衣服，走到张良身边，故意把自己的鞋子弄掉到桥下，然后对张良说："小子，你下去把鞋子给我捡上来！"贵公子出身的张良听后十分惊讶，很想揍他一顿，因为见他年纪实在太大，就勉强忍下怒气，下去把鞋子捡了上来。老人说："你给我把鞋子穿上！"张良已经替他把鞋子捡了上来，于是就跪着又替他穿上鞋子。老人把脚伸出来让张良为他穿好鞋子，然后笑着走了。张良非常吃惊，就目送着离去的老人。

老人走了大约一里路左右，又返了回来，说："你这个孩子值得教导啊。五天以后天亮时，与我在这里见面。"张良觉得这件事很奇怪，就跪下说："好的。"五天以后天刚亮，张良就到了那里。老人已经先在那里等着，生气地说："跟老人约会，反而迟到，为什么呢？"老人走了，临走时说："五天以后早点来见面。"五天以后鸡刚叫，张良就去了，老人又先在那里等着，又一次生气地说："你又迟到了，这是为什么呢？"老人走了，临走时又说："五天后再早一点儿来。"五天以后，张良不到半夜就到了。过了一会儿，老人也来了，高兴地说："应当像这个样子。"老人拿出一本书，说："读了这本书，就可以做帝王的老师了。十年以后你就可以出去干一番大事业了。十三年以后，你小子可以在济北（今山东泰安一带）见到我，穀城山（今山东平阴西南）下的那块黄石头就是我。"说完就走了，没有再讲别的话，从此再也没有见到这位老人。天亮后，张良翻看了老人送的这本书，原来是《太公兵法》（张商英等人认为《太公兵法》就是这本《素书》）。张良因此觉得这本书非同寻常，于是就经常学习、研读它。

张良与老人分别十三年以后，当他跟随汉高祖刘邦经过济北的时候，果然看到穀城山下的那块黄石，于是就把它取回来，很好地保护起来并祭祀它。张良去世后，就让人把黄石与自己安葬在一起。此后人们每逢扫墓以及伏日、腊日祭祀张良的时候，也同时祭祀黄石。

按照《史记》的记载，这位老人为黄石所化，所以被称为"黄石公"；又因为是张良在圯上遇到的，所以又被称为"圯上老人"。黄石变为老人，不仅在今人看来，似乎是天方夜谭，就连两千多年前的司马迁也感到不可思议："太史公曰：学者多言无鬼神，然言有物。至如留侯所见老父予书，亦可怪矣。"（《史记·留侯世家》）这里说的"物"指各种精怪。信者存信，疑者存疑，司马迁记载了这一传说，其来源只有两个，一是黄石公本人，一是张良。

黄石公的身世本来就被《史记》蒙上了一层神秘色彩，再经一些好奇喜怪者的添油加醋，这一传说就变得越来越离奇：

《诗纬》云："风后，黄帝师，又化为老子，以书授张良。"亦异说。

（《史记索隐》）

《诗纬》是汉代人伪托孔子所写、与《诗经》相配的一部纬书。风后是传说中黄帝的老师、宰相。《诗纬》说，是风后化身为老子，把这部书送给了张良。意思是，黄石公就是老子。这种说法自然更不可信，然而这些神话传说的不断叠加，使黄石公的身份变得越来越神秘。再到后来，甚至有人假借黄石公的名义去改朝换代：

会稽剡县有山，名刻石。父老相传云："山虽名刻石，而不知文字所在。"升明末，县人兒袭祖行猎，忽见石上有文字，凡三处，苔生其上，字不可识，乃去苔视之，其大石文曰："此齐者，黄石公之化气也。"立石文曰："黄天星，姓萧，字道成，得贤帅，天下太平。"（《南史·齐本纪上》）

在这里，黄石公竟然又化身为南朝齐的开国皇帝萧道成。另外，不仅《素书》作者很神秘，这本书的流传也很神秘。据《史记》记载，黄石公传给张良的书是《太公兵法》，又称《太公书》。《隋书·经籍志三》则认为黄石公传授给张良的是《三略》："《黄石公三略》三卷：下邳神人撰，成氏注。梁又有《黄石公记》三卷，《黄石公略注》三卷。"到了北宋时期，宰相张商英则言之凿凿地认定黄石公传授给张良的是《素书》：

> 黄石公《素书》六篇。按《前汉》列传，黄石公圯桥所授子房《素书》，世人多以《三略》为是，盖传之者误也。晋乱，有盗发子房冢，于玉枕中获此书，凡一千三百三十六言。上有秘戒："不许传于不道、不神、不圣、不贤之人。若非其人，必受其殃；得人不传，亦受其殃。"呜呼！其慎重如此。（《素书序》）

张商英的这段话告诉我们三个信息：第一，黄石公传授给张良的书，既不是《太公兵法》，也不是《三略》，而是《素书》。第二，张商英介绍了这本书的来历，是晋代盗墓人在张良的墓中挖掘出来的。如果这一信息是真实的，我们也可以认定黄石公传授给张良的是这本《素书》。第三，书上写有传授秘戒："不许传于不道、不神、不圣、不贤之人。若非其人，必受其殃；得人不传，亦受其殃。"如何传授这本《素书》，似乎还有神灵在暗中监视，这就使本书又增添了一层浓厚的宗教色彩。

关于《素书》是否真为黄石公所撰，古人已经有所怀疑，宋人陈振孙《直斋书录解题》就认为《素书》是一部依托之作，甚至怀疑就是张商英本人所撰。这一说法得到了许多人的支持，但我们认为，说《素书》是张商英伪作，证据是不充分的。理由如下：

第一，罗陵博士在他的《〈素书〉非张商英伪撰考述》（《图书馆理论与实践》2008年第5期）一文中考证，在张商英之前，已经有人引述过《素书》中的内容。

第二，我们难以寻到张商英作伪的动机。伪造典籍，无非是为了名利，张商英二十一岁中进士，后来逐步升任宰相。作为一代宰相，他似乎没有必要为了名利而在这样的事情上作伪，因为作伪的事情一旦暴露，将会极大地损害张商英的声誉与形象。

第三，张商英夫妇都是虔诚的佛教徒，张商英号"无尽居士"，还写了为佛教辩护的《护法论》。而"不妄语"是佛教的大戒之一，作为一名虔诚的佛教信徒，他不会、也没有必要去如此辛苦地编造一个谎言。

第四，比张商英更早的《太平广记》卷六已经明确记载黄石公授予张良的是《素书》："子房佐汉，封留侯……赤眉之乱，人发其墓，但见黄石枕，化而飞去，若流星焉。不见其尸形衣冠，得《素书》一篇及兵略数章。"《太平广记》的主编李昉的生卒年是925—996年，张商英的生卒年是1043—1121年，李昉比张商英早一百年左右，再考虑李昉是转述前人的记载，可见黄石公授《素书》一事早在社会上流传。虽然这一传说带有神话性质，但至少可以证明张商英的《素书序》是有些许依据的。

第五，王安石、苏东坡也认定黄石公授予张良的是《素书》。王安石在《张良》一诗中说："《素书》一卷天与之，穀城黄石非吾师。"苏东坡在《回先生过湖州……》一诗中也说："但知白酒留佳客，不问黄公觅《素书》。"由此可见，握有广泛信息资源的两位北宋宰相王安石、张商英，以及博学的苏东坡都认为《素书》不是伪书。王、苏二人应该有自己的史料依据，不然的话，他们也不会为比自己年轻的张商英背书。

《素书》问世在当时应该是一件学术大事，张商英不太可能、也没有必要凭空捏造出一本《素书》。当然，我们的这些推论，仅供读者参考。至于《素书》究竟是否黄石公所撰写与传授，还有待学界继续探讨。

二、《素书》书名的含义

关于"素书"二字的含义，《素书》本书没有做任何解释，张商英在为《素书》作注时，也没有解释。我们依据"素书"二字，可以做两种理解。

第一，"素书"指写在白色丝绢上的书。

素，指没有染色的白色丝绸。"素书"一词出现很早，《古诗源》卷一说："《灵宝要略》：吴王阖闾出游包山，见一人，自言姓山名隐居。阖闾扣之，乃入洞庭，取素书一卷呈阖闾。其文不可识，令人赍之问孔子，孔子曰'丘闻童谣'云云。"按照这一说法，早在孔子时代，人们就把写在白丝绸上的书叫"素书"。但这一记载带有传说性质。到了汉代，有一首题为蔡邕所撰的《饮马长城窟行》写道："客从远方来，遗我双鲤鱼。呼儿烹鲤鱼，中有尺素书。长跪读素书，书中竟何如？上有加餐食，下有长相忆。"由于语言习惯，纸张出现之后，人们仍然把写在纸上的书信称为"素书"："不见故人十年余，不道故人无素书。"（杜甫《寄岑嘉州》）

西汉时期，人们用来写作的主要工具依然是竹简或木简，《史记·滑稽列传》记载，东方朔写给汉武帝的奏章"凡用三千奏牍，公车令两人共持举其书，仅然能胜之"。那么写有一千多字、可以藏于玉枕之中的《素书》就不可能是写在竹简上，而只能是写在丝绢上。因为丝绢是白色的，所以就按照习惯，称之为"素书"。换言之，《素书》的书名是依据其制书形态而命名的。

依据制书形态命名，史有先例。比如先秦的《竹刑》就是如此："郑驷歂杀邓析，而用其《竹刑》。"（《左传·定公九年》）春秋时期郑国人邓析私自修订了一部法律，因为这部法律是写在竹简之上，故称"竹刑"。既然写在竹简上的刑法可以称之为"竹刑"，那么写在白色丝绸上的书籍自然也可以称之为"素书"。

第二，"素书"是指论述基本原则的书。

素，在古代还有基本、根本的意思，那么"素书"的含义就是"论述基本原则的书"。《黄帝四经·经法·道法》说："能至素至精，悟弥无刑，然后可以为天下正。"意思是："圣人能够明白万物的本质，懂得精微的道理，心胸宽广而不固执于一端，然后就可以成为天下的领导者。"《论语·八佾》记载："子夏问曰：'"巧笑倩兮，美目盼兮，素以为绚兮。"何谓也？'子曰：'绘事后素。'曰：'礼后乎？'子曰：'起予者商也！始可与言《诗》已矣。'"意思是："子夏问道：'"美好的笑容真是漂亮啊，美丽的眼睛黑白分明啊，洁白的皮肤上还加上了绚丽的装饰啊。"这几句诗歌是什么意思呢？'孔子说：'要先有白色的底子，然后再在上面进行彩绘。'子夏问：'礼乐应该放在仁义之后吗？'孔子说：'能够启发我的是你子夏啊！现在可以和你讨论《诗经》了。'"这里虽然只是个比喻，但孔子与子夏师生同样把"素"视为做事的根本。因此，把"素书"理解为"论述基本原则的书"也是完全合理的。

其实，以上两种解释并不矛盾，完全可以把这两种解释结合起来去理解《素书》书名的含义。除了以上两种解释外，也有人把"素书"二字理解为"简单朴素的书"，意思是说，《素书》这本书讲的道理都很简单朴素，很容易理解。

三、《素书》的主要内容

《素书》全书仅一千三百三十六个字，大部分是由格言式的文字构成，文字虽然简单朴实，而含义却深邃奥妙，且涉及面较广。主要内容有以下几点。

第一，哲学思想。

《素书》开篇就说："夫道、德、仁、义、礼，五者一体也。道者，人之所蹈，使万物不知其所由。德者，人之所得，使万物各得其所欲。仁者，人之所亲，有慈惠恻隐之心，以遂其生成。义者，人之所宜，赏善罚恶，以立功立事。礼者，人之所履，夙兴夜寐，以成人伦之序。夫欲为人之本，不可无一焉。"（《原始章》，以下引《素书》仅注篇名）道与德是道家最为重视的概念,道是宇宙间所有规律、真理的总称,德是每个人从道那里所获取的天性与学识;仁、义、礼则是儒家特别重视的概念,是治理国家、处理人际关系的最基本原则。《素书》把道、德、仁、义、礼这五者综合在一起,实际也就是把道、儒两家的思想融为一体,作为自己思想体系中的基本概念。《素书》把哲学性的道、德与伦理性的仁、义、礼融而为一,为道、德这两个较为虚化的哲学概念找到了落实之处,反过来,也为仁、义、礼这些伦理原则找到了自己的哲学依据。作者的这一融合是非常成功的,在让悬浮的道、德观念落到实处的同时,也为仁、义、礼的实施找到了它们的合法性。

第二,治国原则。

《素书》讨论哲学思想的文字不多,其主要关注点在治国、处世方面,这也是张良之所以能够以本书为依据而辅佐刘邦平定全国的原因所在。

1.以德为主、以法为辅的治国理念。《素书》主张要在道、德的指导下,运用仁、义、礼治理国家,这实际就是把自己的哲学思想具体运用到了现实政治生活中去。在《正道章》中,作者要求君子、特别是做君主的,一定要做到品德高尚,一定要以仁义为基本国策:“德足以怀远。”《求人之志章》也说:“亲仁友直,所以扶颠。”作者重视仁、义、礼,相对较为轻视刑罚:“牧人以德者集,绳人以刑者散。”(《遵义章》)但又并非完全排斥刑罚,他说:“赏善罚恶,以立功立事。”(《原始章》)“怒而无威者犯。”(《遵义章》)刑罚、威严还是需要的。作者这一以德为主、以法为辅的治国主张明显是秉承了道、儒两家的治国理念。

2.重用贤人。古人很早就意识到得人则昌、失士则亡这一亘古不变的现象,所以特别重视人才,为后人留下了武丁夜梦圣人傅说、周文王渭阳访求太公望、周公“一沐三握发,一饭三吐哺”(《史记·鲁周公世家》)等许多礼贤下士的美谈。《素书》也特别重视人才,同样认为“安在得人,危在失士”,提出“爱人深者求贤急,乐得贤者养人厚”(《安礼章》)的主张,认为爱民深切的君主一定会急切求贤以治理百姓,乐于得到贤人的君主给予贤人的待遇一定会非常丰厚。

3.重视农业。重视农耕是中国古代社会的老传统，因为"一农不耕，民有为之饥者；一女不织，民有为之寒者。"（《管子·揆度》）《素书》同样强调农耕的重要性，《安礼章》说："饥在贱农，寒在惰织。"作者认为人们挨饿的原因，就在于不重视农业生产；人们受冻的原因，就在于不努力养蚕织布。可以说，重视农业是自先秦至近代所有王朝的基本国策，直到今天，这一基本国策依然行之有效。

4.治国者要以身作则。《安礼章》说："释己而教人者逆，正己而化人者顺。逆者难从，顺者易行，难从则乱，易行则理。详体而行，理身、理家、理国，可也！"作为一个国家领导者，放纵自我而去教育别人，别人肯定不会听从这些教育。因此君主必须先端正自我，然后再去教化别人，这样别人才会服从这些教化。作者认为，这种方法可以运用到修养身心、管理家庭、治理国家等各个方面。这与老子说的"我无为，而民自化；我好静，而民自正；我无事，而民自富；我无欲，而民自朴"（《道德经》五十七章）以及孔子说的"其身正，不令而行；其不正，虽令不从"（《论语·子路》）完全一致。想让一个极端自私、无恶不作的君主把民众引导到公而忘私、积德行善的道路上去，无异于天方夜谭。

5.主张保持国策的稳定性与持续性。《道德经》六十章提出了千古名言："治大国若烹小鲜。"意思是治理大国就像烹调小鱼一样，不能反反复复地折腾它，否则就会导致国家衰败乃至灭亡。王莽就是一个因为折腾而导致国破家亡的典型案例。《素书》继承这一治国理念："上无常躁，下无疑心。"（《安礼章》）君主的行为不要变化无常，那么臣下就不会产生猜疑之心。强调"后令缪前者毁"（《遵义章》），政令不能保持其稳定性与持续性，朝令夕改，前后不一，一定会导致治国失败。

第三，个人修养。

《素书》不仅具有自己的哲学思想、政治主张，而且对个人修养也总结了许多宝贵的经验。实际上，个人修养与其哲学思想、政治主张密切地联系在一起，是后二者的起点。《素书》提出的个人修养原则很多，甚至有些琐碎，我们择其主要的几点介绍：

1.要求做到清净少欲。《求人之志章》说："绝嗜禁欲，所以除累。"这一原则与道、儒、释三家思想都是吻合的。道家主张："见素抱朴，少私寡欲。"（《道德经》十九章）儒家也说："养心莫善于寡欲。其为人也寡欲，虽有不存焉者，寡矣；其为人也多欲，虽有存焉者，寡矣。"（《孟子·尽心下》）而佛教更是以禁欲著称。清净少欲不仅有利于自身的健康、安全，也有利于保持清醒的头脑与敏锐的观察能力，这些自然也会有利于治国理民。

2.要做到真诚。《本德宗道章》说："神莫神于至诚。"作者认为，最神奇的效验，莫过于至真至诚。这与儒家思想是相通的："诚者，天之道也；诚之者，人之道也。诚者不勉而中，不思而得，从容中道，圣人也。诚之者，择善而固执之者也。"（《礼记·中庸》）这一思想，为数千年以来的所有人接受，从而形成"精诚所加，金石为开"（《后汉书·光武十王列传》）这一至理名言。

3.博学切问。《求人之志章》要求人们广泛学习，多向老师请教一些切实问题："博学切问，所以广知。"这一主张明显是继承了孔子师生的主张："子夏曰：'博学而笃志，切问而近思，仁在其中矣。'"（《论语·子张》）。这里说的"学"，即包括"学"品德，也包括"学"知识。

4.主张"恭俭谦约"。《求人之志章》要求人们待人恭敬、勤俭节约、谦虚谨慎、自我约束。关于这四种美德的重要性，我们在《求人之志章》的"解读"中有详细介绍，此处不再赘述。

5.修己以待时。《原始章》说："贤人君子，明于盛衰之道，通乎成败之数，审乎治乱之势，达乎去就之理。故潜居抱道，以待其时。若时至而行，则能极人臣之位。得机而动，则能成绝代之功；如其不遇，没身而已。是以其道足高，而名重于后代。"作者要求君子把道、德、仁、义、礼五者融于一身，然后就怀抱着这些治国才华安静地隐居起来，如果时机来了，就欣然出仕做官，建立盖世之功；如果遇不到恰当的时机，那就安心隐居终身。这一处世原则与孟子说的"穷则独善其身，达则兼善天下"（《孟子·尽心上》）是一致的，这也是历代士子特别欣赏的一种处世态度。

《素书》的大部分内容属于格言式的文字，它几乎把历史上所有的经验与教训都用一两句话予以概括，所以尽管《素书》篇幅不多，而内容却极为丰富。比如本书还主张，无论是修身还是治国，都要做到坚持原则、鉴古知今、体察下情、足智多谋、廉洁奉公、守柔忍辱、知足常乐、避免邪恶言行，切忌沉溺酒色，避开嫌疑之地，注重深谋远虑，亲近正直之人，远离邪恶之徒，学会推古验今，做事三思后行，懂得守经达权，顺应客观局势，如此等等。限于篇幅，我们无法一一阐述，读者可参阅有关章节。

四、《素书》对后世的影响

由于《素书》的来历带有浓厚的神秘色彩，所以后人对该书的价值有褒有贬。褒扬者以这种神秘色彩为依据，视《素书》为奇文神书；贬抑者也是因为该书被神秘色彩云遮雾罩，而怀疑该书出身不正，来路不明，因而不予重视。

进士出身、官至宰相的张商英对《素书》的评价极高：

> 黄石公，秦之隐君子也。其书简，其意深，虽尧、舜、禹、文、傅说、周公、孔、老，亦无以出此矣。然则黄石公知秦之将亡，汉之将兴，故以此书授子房。而子房岂能尽知其书哉！凡子房之所以为子房者，仅能用其一二耳。（《素书序》）

在这段话中，张商英讲了两层意思，一是认为《素书》文字简练，含意深邃，即使像唐尧、虞舜、夏禹、周文王、傅说、周公、孔子、老子这样的圣贤，他们的思想、学说也没能超越《素书》。二是认为《素书》思想极为深刻，即使像张良这样的智者，也无法完全理解这部书的深邃含意；张良之所以能够成就一番大的功业，就是因为他还有能力去使用《素书》中十分之一二的智慧而已。这实际上把《素书》放置在至高无上的地位。

对于任何一种事物，人们都会见仁见智。《素书》也是如此，对它褒扬者有之，贬抑者也有之。南宋人晁公武《郡斋读书志》卷十一说：

　　《素书》一卷。右题黄石公著，凡一千三百六十六言。其书言治国、治家、治身之道，厖乱无统，盖采诸书以成之者也。

　　《无尽居士注素书》一卷。右皇朝张商英注。商英称《素书》凡六篇，按《汉书》黄石公圮上授子房，世人多以《三略》为是，盖误也。晋乱，有盗发子房冢，玉枕中获此书。商英之言，世未有信之者。

晁公武这两段话也表达了两层意思，一是《素书》是拼凑群书而成，显得杂乱无章。二是对于张商英（又号无尽居士）在《素书序》中讲的话，没有人相信。

仔细分析张商英与晁公武二人对《素书》的评价，就会发现两人的评价角度是不一样的。张商英是从思想的角度去审视该书，正是因为《素书》博采了群书中的精华，所以给予了极高评价；而晁公武则以目录学家、藏书家的身份，从《素书》的真伪角度，给予了该书较低的评价。我们作为一般的读者，主要是希望能够从《素书》中汲取到自己所需的思想营养，因此，《素书》的真伪这一无法定论的疑难问题，并不妨碍我们从中获取古人的智慧。

《素书》虽然无法与《道德经》《论语》等经典作品相比，但对后世也产生了一定影响，如明太祖朱元璋的第十七子、第一代宁王就对本书很感兴趣，并注释过《素书》："宁献王权《注素书》一卷。"（《明史·艺文志三》）《素书》不仅受到王侯的重视，也受到皇帝的重视。《清史稿·达海列传》记载：

　　达海幼慧，九岁即通满、汉文义。弱冠，太祖召直左右，与明通使命，若蒙古、朝鲜聘问往还，皆使属草；令于国中，有当兼用汉文者，皆使承命传宣，悉称太祖旨。旋命译《明会典》及《素书》《三略》。

达海是清初朝廷文馆领袖，精通满、汉文字，清太祖爱新觉罗·努尔哈赤在满人还没有入统中原的时候，就命令达海把《素书》翻译为满文，由此可以推知该书在当时的影响之大。

《素书》不仅进入帝王的视域，也受到士人的重视，作为政治家、文学家的王安石就把《素书》及张良的故事写入诗中：

> 留侯美好如妇人，五世相韩韩入秦。倾家为主合壮士，博浪沙中击秦帝。脱身下邳世不知，举世大索何能为。《素书》一卷天与之，穀城黄石非吾师。固陵解鞍聊出口，捕取项羽如婴儿。从来四皓招不得，为我立弃商山芝。洛阳贾谊才能薄，扰扰空令绛灌疑。（《张良》）

王安石这首诗歌不仅歌颂了黄石老人与张良，更为重要的是，他与张商英一样，认定《素书》不是伪书。苏东坡也在诗中写道："世俗何知贫是病，神仙可学道之余。但知白酒留佳客，不问黄公觅素书。"（《回先生过湖州……》）清代文人龚炜对《素书》更是持全面肯定的态度：

> 《素书》六编，语语切要，而词旨较《阴符》亦易明了，真圣贤经世之书也。其称《太公兵法》，盖黄石公逆知天下将乱，佐命立功之士，非兵法不足以动其欣赏；兵法不出于太公，不足以坚其诵读，故假托以授子房耳。此书即黄石所著无疑。（《巢林笔谈》卷三）

龚炜首先赞美《素书》语语切要，简单明了，是一部可以经世理国的圣贤之作。其次还解释了《素书》与《史记·留侯世家》记载的《太公兵法》的关系。龚炜认为，《史记》记载"旦日视其书，乃《太公兵法》也。良因异之，常习诵读之"，而《太公兵法》就是《素书》，黄石公之所以把《素书》改名为《太公兵法》，是因为他知道不改名为"兵法"，不足以引起张良的阅读兴趣，改名为"兵法"而不假借"姜太公"之名，不足以坚定张良对此书的信赖。这一解释虽不足以凭信，但也能自圆其说。

《素书》不仅受到世俗社会的欢迎，对宗教也产生较大影响。在宋代之前，人们就往往把神秘的以养生求仙为宗旨的许多道教典籍称为

"素书"，如："仙观雨来静，绕房琼草春。素书天上字，花洞古时人。"（张籍《灵都观李道士》）"安期再拜将生出，一授素书天地毕。"（韦应物《马明生遇神女歌》）这里的"素书"，都是泛指写在白色丝绸上的神仙之书。北宋初年的《太平广记》卷六就已经直接把黄石公、张良、《素书》与修炼成仙联系在一起：

> 子房佐汉，封留侯，为大司徒。解形于世，葬于龙首原。赤眉之乱，人发其墓，但见黄石枕，化而飞去，若流星焉。不见其尸形衣冠，得《素书》一篇及兵略数章。子房登仙，位为太玄童子，常从老君于太清之中。其孙道陵得道，朝昆仑之夕，子房往焉。

正是因为《素书》与道教神仙具有某种联系，所以到了明代正统年间，《素书》就被正式收入《正统道藏》（共收入两个版本，魏鲁注《黄石公素书》一卷，张商英注《黄石公素书》一卷），成为道士修炼的教科书之一。

五、《素书》的版本

《素书》自宋代问世之后，翻刻的版本较多。《宋史·艺文志六》记载："《素书》一卷，张良所传。"可见宋时《素书》已经广为流传。我们现在能够看到的，主要有明刻《二十子全书》本、《道藏》本、《先秦诸子合编》本等。我们采用的是文渊阁《四库全书》本（上海古籍出版社1987年影印本）与扫叶山房编辑的《百子全书》本（浙江人民出版社1984年影印本）。因为文渊阁《四库全书》本是经过官方筛选、认证过的明刻本，具有较强的可信度与权威性。扫叶山房是一家历经明清与民国、存时长达三四百年的老牌书店，其刻本也具有很大的影响。其中以《四库全书》本为主，校以《百子全书》本，两个版本不同处，我们择优而取，凡是改动之处与不同之处，都在注释中予以说明。关于文渊阁《四库全书》收录的《素书》版本，其后附录的《黄石公素书后跋》有介绍：

> 右《素书》一帙，盖秦隐士黄石公之所传，汉留侯子房之所受

者。词简意深，未易测识，宋臣张商英叙之详矣，乃谓为不传之秘书。呜呼！凡一言之善，一行之长，尚可以垂范于人而不能秘。是书黄石公秘焉，得子房而后传之。子房独知而能用，宝而殉葬，然犹在人间，亦岂得而秘之耶！

予承乏常德府事，政暇取而披阅之。味其言，率明而不晦，切而不迂，淡而不僻，多中事机之会，有益人世。是又不可概以游说之学、纵横之术例之也。但旧板刊行已久，字多模糊，用是捐俸余翻刻，以广其传，与四方君子共之。

弘治戊午岁夏四月初吉蒲阴张官识。

这段记载告诉我们，《四库全书》收录的《素书》为明代刻本，"弘治"是明孝宗朱祐樘的年号，起于1488年，止于1505年，共使用十八年。"戊午"指戊午年，即1498年，即弘治十一年。初吉，指每月的初一。蒲阴是地名，在今河北安国，是张官的出生地。张官的生平事迹，史料所载不多，《明孝宗敬皇帝实录》卷一百四十九记载："弘治十二年……升湖广常德府知府张官为山西行太仆寺卿。"结合"予承乏常德府事，政暇取而披阅之"的记载，这就是说，张官是在任职常德（今湖南常德）知府期间，用自己的官俸，根据"字多模糊"的旧版，再次翻刻了《素书》。张官对《素书》主要持肯定态度，认为该书说理明确而不晦涩，论事切中要害而不迂腐，语言平实而不偏激，对事物的发展变化有深刻的把握，有益于为人处世。

《素书》言简意赅，原文仅一千三百六十六字，为便于连贯阅读，书末还附录了四库全书本《素书》原文（附宋·张商英注）。《素书》的传世经历又带有一定的神秘色彩，为了更好地理解本书，我们还附录了三篇史料：

第一篇，汉代司马迁的《史记·留侯世家》。这是因为按照正史（如《史记》《汉书》）记载，黄石公唯一的弟子是张良，而《留侯世家》记载了张良一生的事迹。张良的行事与《素书》所主张的原则相符，通过张良的事迹,可以更好地理解《素书》所阐述的许多原则。另外,《留侯世家》还记载了黄石公的部分事迹。

第二篇,晋代皇甫谧的《高士传·黄石公》。《高士传·黄石公》记载了黄石公的主要事迹,其内容主要来自《史记·留侯世家》,但一些细节也稍有不同,而且叙事较为集中。

第三篇,宋代张商英的《素书序》。在这篇《序》中,张商英不仅告诉读者这本《素书》的由来,解释张良是如何按照《素书》中的原则去辅佐刘邦,而且对《素书》给予了极高的评价。后来甚至有人怀疑《素书》就是张商英伪造的。

《素书》文字虽然不多,但大多都是极为精炼的格言,每一句格言都包含着无数代人的经验与智慧,因此其内涵极为丰富。由于我们的学识所限,在解释文字时,在使用事例阐述这些格言所蕴含的道理时,可能会出现这样或那样的偏差,望读者多多批评指正。

张　景　张松辉

2022年8月

原始章

【题解】

原始，根本，根源。这里用作动词，探索根源。这个根源主要指圣贤处世、治国的基本原则。本章是全书总纲，主要有两大内容：第一，阐述道、德、仁、义、礼五位一体的修身、治国的基本原则，因此要求君子必须同时兼备这五种品质。第二，要求君子待时而动，时机来了就毅然出仕建立盖世功劳，没有时机则安心隐居终身。这一原则与孟子说的"穷则独善其身，达则兼善天下"（《孟子·尽心上》）是一致的。

夫道、德、仁、义、礼①，五者一体也②。道者，人之所蹈③，使万物不知其所由④。德者，人之所得⑤，使万物各得其所欲⑥。仁者，人之所亲⑦，有慈惠恻隐之心⑧，以遂其生成⑨。义者，人之所宜⑩，赏善罚恶，以立功立事。礼者，人之所履⑪，夙兴夜寐⑫，以成人伦之序⑬。夫欲为人之本⑭，不可无一焉⑮。

【注释】

①道：规律，原则。德：天性，本能。义：合宜的言行或道理。关于

道、德、仁、义、礼的详细含义,详见"解读一"。

②五者一体也:这五者是一个整体。为什么说这五者是一个整体,详见"解读二"。

③蹈(dǎo):本指踩、踏上,引申为遵循。《荀子·王制》:"聚敛者,召寇、肥敌、亡国、危身之道也,故明君不蹈也。"成语有"循规蹈矩"。

④使万物不知其所由:却使万物无法真正懂得他们所遵循的大道。其,指万物。这里主要指普通民众。所由,所遵循的大道。由,顺从,遵循。古人认为,在万物产生之前,大道已经存在,万物就是按照大道的规定性而产生、成长、死亡的,然而万物却无法知道自己为什么会是如此,因此也就无法懂得、掌握大道。《周易·系辞上》:"一阴一阳之谓道,继之者善也,成之者性也。仁者见之谓之仁,知者见之谓之知,百姓日用而不知,故君子之道鲜矣。"另外,本句也可理解为"却使万物无法知道自己所遵循的大道来自哪里"。其,代指大道。由,由来,来历。

⑤德者,人之所得:德,就是人从大道那里获得的天性、本能。为什么说德来自大道,"解读一"中有详细解释。

⑥各得其所欲:各自获取自己所需要的东西。

⑦仁者,人之所亲:仁,就是人们彼此相亲相爱的品德。

⑧有慈惠恻隐之心:具有仁慈、同情之心。惠,仁慈,仁爱。恻隐,同情。

⑨以遂其生成:以保证万物顺利生长。遂,顺利生长。

⑩义者,人之所宜:义,就是人们所应该遵循的道义、原则。宜,适宜,应该。《礼记·中庸》:"义者,宜也。"

⑪所履:所遵行的原则。履,履行,遵循。

⑫夙(sù)兴夜寐(mèi):早起晚睡。形容勤奋不懈。这里指兢兢业业地按照礼制行事。夙,早。兴,起来,起床。寐,睡觉。

⑬以成人伦之序：以此来维护好人与人之间的伦理秩序。"以"字后面省略"此"，代指"夙兴夜寐"。人伦，这里指古代礼教所规定的人与人之间的关系，其中特别强调尊卑长幼之间的关系，如君臣、父子、夫妇、兄弟、朋友之间的关系。

⑭为人之本：修养做人的基本素质。为，修养。

⑮不可无一焉：不可以缺乏道、德、仁、义、礼中的任何一条。

【译文】

道、德、仁、义、礼，这五种事物与品性本来就是一个不可分割的整体。所谓的道，就是人们所必须遵循的规律，然而普通民众又无法懂得和掌握他们所遵循的这些规律。所谓的德，就是人们从大道那里获取的天性与本能，德可以使他们能够获取各自的需求。所谓的仁，就是人们彼此相亲相爱的品德，使人人都具有仁慈、同情之心，以保证万物能够顺利生长。所谓的义，就是人们所应该做到的合宜言行，奖励善良的人与事，惩罚罪恶的人与事，以此来建功立业。所谓的礼，就是人们所应该遵循的礼仪制度，人们应该夙兴夜寐，非常勤奋地维护好人与人之间的伦理秩序。一个人要想修养好做人的基本素质，那么道、德、仁、义、礼这五项基本准则缺一不可啊。

【解读一】关于道、德、仁、义、礼的含义

道、德、仁、义、礼，这五者不仅是本书的核心概念，也是整个中国传统文化中的核心概念，因此，我们有必要对这几个概念的内涵做出非常明确的解释。

首先谈道。

道家、儒家、佛教等都非常重视"道"，但学界对于"道"的解释，却见仁见智，莫衷一是，一些学派甚至赋予"道"以非常神秘的色彩。我们认为，"道"没有任何神秘性，"道"就是宇宙间所有规律、真理、原则的总称。

"道"的本义是道路，人们从某地到某地，必须通过某条道路，否则，就无法到达自己的目的地。同样的道理,包括人在内的万物要想达到自己的某种目的,必须遵循某种规律、原则,否则就无法成功。比如规律规定我们要想生存,必须吃饭,那么我们就一定要吃饭。于是在词汇比较贫乏的古代,人们就把道路的"道"拿来作规律、真理、原则等含义来使用。"道"是天地间所有规律、真理的总称。除了自然、社会规律外,由于时代的局限,古人还把一些伦理道德、甚至一些与规律相违背的东西也视为规律。

其次,我们谈德。

所谓"德",就是具体事物的规律、本性。"德"大约有两层含义:一是指先天的"德"。万物一旦产生,就必定具备各自的本性与本能,比如人一生下来就知道呼吸、吃喝,这就是人的最初本能。而这个本能,古人认为就是"道"赋予的。二是指后天的"德"。"道"是客观存在,人们学习的目的就是为了得"道",然而人们又不可能把所有的"道"全部掌握,那么已经被人掌握的这一部分"道"就叫"德"。

由此可见,"道"是所有规律的总称,是整体,是客观存在;而"德"是指具体事物的规律、本性,是个别,是主观存在。我们打一个比方:"道"好比客观存在的大江大海的水,浩浩汤汤;我们去饮用大江大海的水,只能喝取其中很少一部分,而喝到我们肚子里的那些水就叫"德",所以古人说:

> 德者,得也。……何以得德? 由乎道也。(王弼《老子道德经注》)

从"道"那里得到的、属于个人所有的那一部分就是"德"。简言之,"道"是整体,"德"是部分;"道"是客观的,"德"是个人的。因为"德"来自"道",因此二者的内容又是一致的,这就是《道德经》二十一章说的"孔德之容,惟道是从"。

第三,我们谈仁。

"仁"的最主要内容就是爱人:"樊迟问仁,子曰:'爱人。'"(《论语·颜渊》)。在具体阐述"仁"的时候,孔子又根据不同的谈话对象和不同的环境,把"仁"分别解释为不同的内容,如《论语》记载:"孝弟也者,其为仁之本与!"(《学而》)"巧言令色,鲜矣仁。"(《学而》)"己欲立而立人,己欲达而达人,能近取譬,可谓仁之方也已。"(《雍也》)"唯仁者能好人,能恶人。"(《里仁》)"木、讷近仁。"(《子路》)类似的例子在《论语》中俯拾即是。从这些例子中可以看出,孔子几乎把所有的正面品行都视为"仁"的内容之一。但另一方面,孔子又认为,真正能够全面做到"仁"又是极为困难的,因此孔子不轻易以"仁"许人,就连最得意的弟子颜回,孔子也认为他只能做到"三月不违仁"(《雍也》)而已。

第四,我们讨论义。

所谓的"义",孔子给出了明确界定:"义者,宜也。"(《礼记·中庸》)适宜、合理的品性、行为与原则都叫"义",即今天讲的"正义"。《左传·隐公元年》:"多行不义,必自毙。"不恰当的言行、原则,就叫"不义"。

第五,最后谈礼。

古人认为,礼的内涵有二,一是仁义美德,这是礼的内在本质;二是跪拜礼仪,这是礼的外在形式。所以孔子说:"礼云礼云,玉帛云乎哉?乐云乐云,钟鼓云乎哉?"(《论语·阳货》)"人而不仁,如礼何?人而不仁,如乐何?"(《论语·八佾》)在孔子那里,"仁"和"礼"是密切联系在一起的,"礼"必须以"仁"作为它的本质和基础。同样遵守礼仪,有仁德本质的人所行的礼仪是恰当的、真实的,而没有仁德的人所行的礼仪则是虚伪的。孔子的这一观点无疑是抓住了根本,没有"仁","礼"不过仅仅流于虚伪的表演而已。当然,孔子认为最高的"礼",是把内在的仁义本质与外在的礼仪形式完美地结合在一起,这就是他所赞美的"文质彬彬,然后君子"(《论语·雍也》)。

【解读二】为什么说道、德、仁、义、礼五者是一个整体?

对于道、德、仁、义、礼这五者的态度,道家与儒家的态度有同有异。

老子强调道、德，反对人们去提倡仁、义、礼，《道德经》三十八章说："故失道而后德，失德而后仁，失仁而后义，失义而后礼。夫礼者，忠信之薄而乱之首。"老子认为，失去了道而后才去提倡德，失去了德而后才去提倡仁，失去了仁而后才去提倡义，失去了义而后才去提倡礼。礼，是忠信不足的标志，是祸乱的开始。老子之所以提出这一观念，并非反对仁、义、礼本身，而是因为他是理想主义者，认为道、德之中已经包含了仁、义、礼，只要人们能够按照大道做事，保护好自己源自大道的美好天性，不用提倡，人们就会自然而然地、下意识地去行仁、义、礼之事。这就是《庄子·天地》所赞美的"端正而不知以为义，相爱而不知以为仁，实而不知以为忠，当而不知以为信"的美好图景：在美好的社会里，不用美德教育，人们自然而然地遵循自己的美好天性做事，他们行为端正而不知道这是道义，互相爱护而不知道这是仁慈，敦厚老实而不知道这是忠诚，履行诺言而不知道这是信用。

随着社会发展，在各种利益的诱惑下，人们的品德日益衰败，不再按照美好的大道、天性行事，为了维持社会的相对安定与和谐，人们不得不开始提倡与奖励仁、义、礼行为，这也就是《道德经》十八章说的："大道废，有仁义；慧智出，有大伪。六亲不和，有孝慈；国家昏乱，有忠臣。"老子认为，提倡仁、义、礼，不仅是人类道德败坏的标志，而且这种提倡与奖励还会让一些阴谋家假借仁、义、礼去欺骗民众以获取私利。儒家则相反，他们面对尔虞我诈的现实社会，大力提倡仁、义、礼，希望能够以此来挽救日益败坏的人心。

对比道、儒两家，我们不难看出，道家的思想太理想化，他们建立在人性善基础之上的政治理想很难实现。而儒家则站在现实的基础之上，企图用提倡仁、义、礼的办法去改善社会状况。有一点需要特别指出，那就是古人在提倡仁、义、礼的时候，强调这些原则与品性是符合道、德的，这就是古人的一个著名命题——名教出于自然。所谓"名教"，就是儒家提倡的以正名分为核心的各种行为原则、礼仪制度，而"自然"则指自然天成的道、德，古人认为，名教必须与道、德保持一致。《汉书·礼乐志》说："人性有男女之情、妒忌之别，为制婚姻之礼；有交接长幼之序，为制乡饮之礼；有哀死思远之情，为制丧祭之礼；有尊尊敬上之心，为制朝觐之礼。"

这就是说，人们是在男女之情、长幼之序、哀死之情、敬上之心这些自然情感的基础上，去制定相应的婚姻、乡饮、丧祭、朝觐这些礼仪制度，二者属于因果关系。如果人们所制定的礼仪制度与人的天性相违背，那么这些礼仪制度绝无推行的可能。换言之，仁、义、礼必须与道、德保持一致，融为一体。

从上述可以看出，道、儒两家都承认道、德、仁、义、礼五者一体，不同的是，道家认为既然道、德中已经包涵了仁、义、礼，就没有必要、也不应该再去提倡后者；而儒家则针对道德被弃、人心不古的现实，竭力提倡仁、义、礼，力图挽狂澜于既倒，以恢复其乐融融的大同社会。

《素书》在综合道、儒两家观点的基础上，更倾向于儒家思想。应该说，这一倾向是正确的，因为黄石公所处的秦汉之交，是一个连老庄时代都不如的极为动乱的时代，此时再去执着地强调已经被人们遗弃的道、德，而反对提倡仁、义、礼，这无异于陷入迂腐的泥淖之中，自救尚不暇，更遑论去拯救他人！

　　贤人君子，明于盛衰之道，通乎成败之数①，审乎治乱之势②，达乎去就之理③。故潜居抱道④，以待其时。若时至而行⑤，则能极人臣之位⑥；得机而动，则能成绝代之功⑦。如其不遇，没身而已⑧。是以其道足高⑨，而名重于后代。

【注释】

①通乎成败之数：通晓成功与失败的规律。通，通晓，明白。数，规

律,必然性。

②审乎治乱之势:明白社会安定与动乱的形势。审,详知,清楚。治,安定。

③达乎去就之理:懂得取舍的道理。达,懂得,明白。去,离开,舍弃。就,接近,求取。

④故潜居抱道:因此君子怀抱着大道而隐居起来。潜居,隐居。抱道,怀抱着大道。即胸怀治国的才干。

⑤若时至而行:如果时机来了,就去出仕。行,指外出做官,干一番事业。

⑥极人臣之位:就能够获取大臣中的最高地位。即能够成为君主的首辅大臣,辅佐君主,建功立业。极,最高。

⑦绝代之功:当代独一无二的大功。即盖世之功。

⑧没(mò)身而已:那就安心隐居终身而已。没身,一直到死,终身。没,通"殁"。死亡。关于古人对于出仕与隐居的态度,可详见"解读"。

⑨是以其道足高:因此他们的品德、才华足以值得人们给予高度评价。是以,因此。高,认为高尚,值得赞美。

【译文】

那些品德高尚的贤人、君子,他们明白国家兴衰存亡的道理,通晓事业成败的规律,清楚社会安定与动乱的形势,知道取舍的情理。所以他们能够怀抱着治国才华而安静地隐居起来,以等待时机的到来。如果时机来了,他们就欣然出仕做官,能够成为君主的首辅大臣;他们遇到恰当的时机而有所作为,就能够建立盖世之功。他们如果遇不到恰当的时机,就会安心隐居终身而已。因此他们的品德会受到高度的赞扬,而他们也会留下极为美好的名声于后世。

【解读】古人对出仕与隐居的态度

本章说,那些高尚的君子,"潜居抱道,以待其时。若时至而行,则能极人臣之位；得机而动，则能成绝代之功。如其不遇，没身而已"，这就涉及隐与仕、出与处的问题。在出仕与隐居的问题上，古代士人大致分为四种态度。

第一种态度，坚决出仕。

坚决出仕的古人极多，吴起就是其中之一。吴起是战国时期卫国人，著名的军事家、改革家。吴起一生行事很多，我们只举其中三件事情，以说明他出仕态度之坚决：

> 吴起者，卫人也，好用兵。尝学于曾子，事鲁君。齐人攻鲁，鲁欲将吴起，吴起取齐女为妻，而鲁疑之。吴起于是欲就名，遂杀其妻，以明不与齐也。鲁卒以为将。将而攻齐，大破之。鲁人或恶吴起，曰："起之为人，猜忍人也。其少时家累千金，游仕不遂，遂破其家。乡党笑之，吴起杀其谤己者三十余人，而东出卫郭门，与其母诀，啮臂而盟曰：'起不为卿相，不复入卫。'遂事曾子。居顷之，其母死，起终不归。曾子薄之，而与起绝。"（《史记·吴起列传》）

第一件事情，吴起年轻时，就立志做官，为此不惜葬送千金家产，并杀害非议他做官心切的三十多人。第二件事情，为了做官，吴起跟随曾子学习，在母亲去世时，也坚决不回家乡送母亲最后一程，以至于特别重视孝道的曾子与他断绝了师生关系。第三件事情，吴起在鲁国做官时，齐国入侵鲁国，鲁国本想任命吴起为将军率兵抵抗，只是吴起的夫人是齐国人，鲁国人怀疑他会偏袒齐国，于是吴起就杀死自己的夫人，以表明与齐国势不两立。这三件事情用"血淋淋"来形容，皆不为过，从中不难看出吴起对高官厚禄的渴望程度。

不顾一切地去占有权势，汉代的主父偃也是一个货真价实的典型例子，他还为后人留下一句"名言"——"丈夫生不五鼎食，死即五鼎烹耳"：

> 人或说偃曰："太横矣。"主父曰："臣结发游学四十余年，身不得遂，亲不以为子，昆弟不收，宾客弃我，我厄日久矣。且丈夫生不

五鼎食,死即五鼎烹耳!吾日暮途远,故倒行暴施之。"(《史记·平津侯主父列传》)

主父偃当权时期,横行霸道,当别人劝告他稍作收敛时,主父偃竟然讲出"丈夫生不五鼎食,死即五鼎烹耳"这种令人胆寒的癫狂之言。命运果然不负二人,吴起最终在楚国被乱箭射死,而主父偃则被灭族,他们都属于古人所批评的"朝廷之士为禄,故入而不出"(《韩诗外传》卷五)者。

第二种态度,坚决隐居。

中国的隐逸之风可谓源远流长,远在传说时代,就已经出现了著名的许由、巢父两位隐士,关于他们俩,还有一个有趣的故事。皇甫谧《高士传》记载说:

> 许由,字武仲,尧闻,致天下而让焉,乃退而遁于中岳颍水之阳、箕山之下隐。尧又召为九州长,由不欲闻之,洗耳于颍水滨。时有巢父牵犊欲饮之,见由洗耳,问其故,对曰:"尧欲召我为九州长,恶闻其声,是故洗耳。"巢父曰:"子若处高岸深谷,人道不通,谁能见子?子故浮游,欲闻求其名誉。污吾犊口。"牵犊上游饮之。许由殁,葬此山,亦名许由山。

许由认为尧召自己去当天子和九州长是玷污了自己的耳朵,所以就跑到颍水(今河南境内)边去洗耳朵,而巢父认为许由经常在世俗社会里游荡,故而混出了名声,也不是一个高洁、干净之人,于是就把小牛从许由洗耳处的下游牵到上游去喝水,以免许由的洗耳水玷污了自己小牛的嘴巴。许由与巢父可以说是坚决不仕之人,占有整个天下的富贵也动摇不了他们隐居的决心。

战国时期的另一位隐士也值得介绍,他就是颜斶。据《战国策·齐策四》记载,有一次,齐宣王召见隐士颜斶,颜斶在距离宣王很远的地方就停了下来,宣王说:"颜斶先生,你往我这里走近一点。"颜斶也说:"大王,你往我这里走近一点。"齐宣王听了很不高兴,大臣们就对颜斶说:

"我们大王是一国之主,你不过是一介平民,我们大王要求你向前走一走,你竟然也要求我们大王往你那里走一走,这合适吗?"颜斶回答说:"如果我向大王那里走,叫'趋炎附势';如果大王向我这里走,叫'礼贤下士';与其让我背上'趋炎附势'的恶名,不如让大王赢得'礼贤下士'的美名。"接着几经交锋,齐宣王终于认输了,并表示愿意拜颜斶为师,而颜斶断然拒绝,他说:

> 夫玉生于山,制则破焉,非弗宝贵矣,然大璞不完;士生乎鄙野,推选则禄焉,非不得尊遂也,然而形神不全。斶愿得归,晚食以当肉,安步以当车,无罪以当贵,清静贞正以自虞。

颜斶是坚定的隐居者,帝王师的高位也未能动摇他的退隐决心。他的话发人深省,特别是"晚食以当肉,安步以当车,无罪以当贵,清静贞正以自虞"这四句话,我们非常欣赏,并一直把它们当作自己的座右铭。古代坚决不仕的人也很多,如庄子、接舆、老莱子等等,这些人都属于古人所批评的"山林之士为名,故往而不返"(《韩诗外传》卷五)者。当然,这些人隐居未必都是为了名。

第三种态度,徘徊于出仕与隐居之间。

陶渊明一生有两大思想矛盾无法解决,那就是希望建功立业与爱好田园生活的出处矛盾和希望长生久视而又不得不走向死亡的生死矛盾。在陶渊明四十一岁之前,他三仕三隐(一说他五仕五隐),这是因为他入世做官时,惦记着隐士的逍遥自由生活;出世当隐士时,又放不下"大济于苍生"(《感士不遇赋》)的宏远志向。用他自己的话说,就是"一心处两端"(《杂诗》),心灵一直没能安宁下来。这些矛盾心理、徘徊生涯时时刻刻在煎熬着他的心灵,给他带来了巨大的痛苦,而解决这一矛盾的唯一办法就是借酒解愁,以期在醉乡中进入一种物我两忘的境界。

徘徊于仕与隐之间的文人,陶渊明绝非个例。明代的袁宏道以亲身体会,把士人的这种心态描述得极为形象:

> 长安尘沙中,无日不念荷叶山乔松古木也;……当其在荷叶山,

唯以一见京师为快。寂寞之时，即想热闹；喧嚣之场，亦思闲静。人情大抵皆然。如猴子在树下，则思量树头果；及在树头，则又思量树下饭；往往复复，略无停刻，良亦苦也。（袁宏道《兰泽、云泽两叔》）

袁宏道说，在京城做官时，思念家乡荷叶山乔松古木下的隐居生活；隐居在荷叶山时，又特别艳羡京城里的官场热闹。人就像猴子一样，猴子在树下时，想吃树上的果子；爬到树上后，又惦记着树下的饭菜；如此上蹿下跳，没有片刻休憩之时。这些士人是想熊掌与鱼兼得者。

第四种态度，应仕则仕，该隐则隐。

《庄子·逍遥游》也讲过尧让天下于许由这一故事，毫无疑问，包括庄子在内的许多人都认为许由的品德比尧更为高洁，因而也更应该受到赞扬。而晋代的郭象则认为许由的思想境界远远无法与尧相比，因为许由偏执于隐居一端，不能做到顺物而为。郭象在他的《庄子注》中说：

> 夫自任者对物，而顺物者与物无对，故尧无对于天下，而许由与稷、契为匹矣。

所谓"自任"，就是执着于个人成见；所谓"对物"，就是不能顺应客观环境而同客观环境对立起来。在郭象看来，尧能够顺物而为，该做天子的时候就去做天子，该禅让的时候就去禅让，没有把个人意志同社会需要和客观环境对立起来；而许由与稷、契在具体行为上虽然不同，许由力主出世隐居，稷、契积极入世做官，但他们心中同样有"我"，有一个固执的成见，没能做到顺物而行，因而他们都不是思想境界最高的人。

而张良不愧是黄石公的高足，他做到了顺应客观环境，"无对于天下"。当暴秦肆虐天下、残害百姓时，张良当仁不让，积极入世，辅佐刘邦灭秦建汉；当天下统一、汉政权稳固之后，张良不恋富贵，功成身退，从赤松子游去了。张良与另一位道家人物范蠡一样，应仕则仕，该隐则隐。他们都属于古人所赞美的"入而亦能出，往而亦能返，通移有常"（《韩诗外传》卷五）的圣贤。

右第一章^①，言道不可以无始^②。

【注释】

①右第一章：右边的文字属于第一章。古代的文字是竖排的，而且是由右向左书写与阅读。"右第一章"类似我们今天阅读横排书时所说的"以上文字属于第一章"。

②言道不可以无始：这一章的内容是说，在谈论大道时，不可以不弄清楚它的根源。始，原始，根源。这里用作动词，探索根源。这段文字见《百子全书》本，文渊阁《四库全书》本没有这段文字，而是把"言道不可以无始"作为张商英的注，放在本章标题之下："注曰：道不可以无始。"这句话可以视为对全章主旨的总括。

【译文】

以上文字属于第一章，这一章的内容是说，在谈论大道时，不可以不弄清楚它的根源。

正道章

【题解】

　　正道，正确的原则。本章主要阐述做人、特别是做君主的正确原则，那就是品德高尚、真诚无欺、坚持原则、鉴古知今、体察下情、足智多谋、廉洁奉公等等。作者认为，做到这些，就是人中俊才、世间豪杰。

　　德足以怀远①，信足以一异②，义足以得众③，才足以鉴古④，明足以照下⑤，此人之俊也。

【注释】

①德足以怀远：高尚的品德足以使远方的人前来归附。怀，归向，归附。事例详见"解读一"。

②信足以一异：真诚的信用足以使胸怀异心的人们与自己一心一德。一，统一，一心。事例详见"解读二"。

③义足以得众：正确的原则足以获得民众的拥戴。

④才足以鉴古：高超的才华足以能够借鉴古代的事情。《新唐书·魏徵列传》记载，唐太宗在魏徵去世后，感叹说："以铜为鉴，可正衣冠；以古为鉴，可知兴替；以人为鉴，可明得失。朕尝保此

三鉴,内防己过。今魏徵逝,一鉴亡矣。"

⑤明足以照下:超人的智慧足以能够体察民情。明,明智,智慧。
照,照见,明察。下,属下,民众。

【译文】

高尚的品德足以使远方的人前来归附,真诚的信用足以使胸怀异心的人们与自己一心一意,正确的原则足以获得民众的拥戴,高超的才华足以能够借鉴古代的事情,超人的智慧足以能够体察民情,这就是人类中的俊才啊。

【解读一】德足以怀远

古人非常重视以德服人,《论语·为政》记载:"子曰:'道之以政,齐之以刑,民免而无耻;道之以德,齐之以礼,有耻且格。'"意思是说:"用政令来治理百姓,用刑法来整治百姓,百姓可以免于犯罪受罚却缺乏廉耻之心;用道德来治理百姓,用礼教来整顿百姓,百姓不仅具有廉耻之心而且民心归服。"古代以德服人的事例非常多,我们试举三例。

现在有"网开三面"一词,以形容态度之仁慈、宽大。我们就看看"网开三面"这一仁德行为所产生的效应。《吕氏春秋·异用》记载:

> 汤见祝网者,置四面,其祝曰:"从天坠者,从地出者,从四方来者,皆离吾网。"汤曰:"嘻!尽之矣。非桀,其孰为此也?"汤收其三面,置其一面,更教祝曰:"昔蛛蝥作网罟,今之人学纾。欲左者左,欲右者右,欲高者高,欲下者下,吾取其犯命者。"汉南之国闻之曰:"汤之德及禽兽矣。"四十国归之。人置四面,未必得鸟;汤去其三面,置其一面,以网其四十国,非徒网鸟也。

商朝的开国贤君商汤有一次外出,看到一个用网捕捉鸟兽的猎人,猎人四面设网,然后祈祷说:"从天上落下来的,从地下钻出来的,从四面八方跑过来的,全都撞进我的网里来。"商汤说:"唉!你这是要把禽兽杀完啊。除了夏桀那样的暴君,谁还会干这种事呢?"商汤就收起猎人的三面网,只在一面设网,重新教他祈祷说:"从前蜘蛛结网捕虫,后来人们也学着织网捕捉鸟兽。鸟兽们想向左边去的就向左边去，想向右边走的就向右边走，想向高处飞的就向高处飞，想向低处逃的就向低处逃，我只捕捉那些触犯天命的鸟兽。"汉水以南的诸侯们听到这件事之后，都说："商汤的仁爱之德已经施行到鸟兽身上了。"于是有四十个诸侯国归顺了商汤。别人四面设网，未必就一定能够捕捉到鸟兽；商汤撤去三面网，只在一面设网，却因此而"捕捉"到了四十个诸侯国，不仅仅是捕捉到了鸟兽啊！这一故事也见于《史记·殷本纪》。

周文王为周朝的建立打下了坚实的基础，他同样以仁义之德感动了诸侯。《孔子家语·好生》记载：

> 虞、芮二国争田而讼，连年不决，乃相谓曰："西伯，仁人也，盍往质之？"入其境，则耕者让畔，行者让路；入其朝，士让为大夫，大夫让于卿。虞、芮之君曰："嘻！吾侪小人也，不可以入君子之朝。"遂自相与而退，咸以所争之田为闲田矣。

虞国与芮国为了一块土地而连年争执不休，于是就一起商量说："西伯周文王，是一位仁义之人，咱们何不去找他评评理呢？"两位君主进入周文王的领地后，发现种地的农夫互相谦让土地的边界，走路的人都互相让路。进入朝廷后，发现士人谦让着让别人做大夫，大夫谦让着让别人做卿相。虞国和芮国的国君看到这种情形后，感慨地说："唉！我们真是小人啊！没有资格进入这样的君子之国啊。"于是，他们就相互谦让，主动把自己的边界向后退，把原先所争夺的那块土地作为闲置的土地了。

因为仁德的作用，国与国之间出现了"闲田（又称闲原）"。同样因为仁德的作用，家与家之间出现了"六尺巷"。

据载，清朝的一位张姓大臣在朝做官时，他的家人在故乡因为修围墙的事与邻居发生争执，家人就写信要求这位大臣出面，这位大臣便写了一首诗歌寄给家人：

> 千里修书只为墙，让他三尺又何妨？万里长城今犹在，不见当

年秦始皇。

关于这首诗的版本很多，其中一个版本是：清康熙年间，张英（名相张廷玉之父）担任文华殿大学士兼礼部尚书。其老家桐城的宅子与吴家为邻，两家房屋之间有一条小巷子。后来吴家要建新房，想占用这条巷子，张家人自然不会同意。双方争执不下，将官司打到县衙。县令考虑到两家都是名门望族，不敢轻易决断。于是张家人就写了一封信送给张英，要求他出面解决。张英看了来信后，就写了这四句诗给家人。家人看信后，主动让出三尺空地。吴家见状，深受感动，也主动让出三尺土地，"六尺巷"由此得名。至今，六尺巷还是桐城的一个重点文物保护单位。

【解读二】信足以一异

为人处世一定要讲究信用，做到诚实，信用不仅能够获得一般民众的信任，甚至还能够使敌人变成朋友。古代最典型的例子，当属晋文公守信以退兵的故事。《韩非子·外储说左上》记载：

> 晋文公攻原，裹十日粮，遂与大夫期十日。至原十日，而原不下，击金而退，罢兵而去。士有从原中出者，曰："原三日即下矣。"群臣左右谏曰："夫原之食竭力尽矣，君姑待之。"公曰："吾与士期十日，不去，是亡吾信也。得原失信，吾不为也。"遂罢兵而去。原人闻曰："有君如彼其信也，可无归乎？"乃降公。卫人闻曰："有君如彼其信也，可无从乎？"乃降公。孔子闻而记之曰："攻原得卫者，信也。"

晋文公攻打原邑（今河南济源北）的时候，携带了十天的粮食，于是他就和大夫们约定以十天为进攻期限。进攻原邑十天了，还没有攻下，晋文公就鸣锣收兵，准备撤军回去。有一个士兵从原邑城中逃了出来，说："再坚持三天原邑就会投降了。"群臣都劝谏晋文公说："原邑的城内已经是粮食耗尽、兵力枯竭了，君主姑且再坚持几天吧。"晋文公说："我与将士们约定的是十天，如果十天不撤回，这就是失去了我的信用。占领了原邑而失去我的信用，这样的事情我不会做。"于是就撤军离开。

原邑人听到这个消息后说:"有这样坚守信用的君主,我们可以不归附他吗?"于是就主动投降了晋文公。卫国人听到此事后也说:"有这样坚守信用的君主,我们可以不追随他吗?"于是卫国人也归附了晋文公。孔子听到这些史实后,就记录了这件事,并且赞美说:"攻打原邑而又得到了卫国,靠的都是信用啊。"

诚信能够感动敌人,这种情况在古代并非个例。我们看"尔虞我诈"一词产生的背景。《左传·宣公十五年》与《史记·宋微子世家》都记载:鲁宣公十五年(前594),楚庄王与将军子反率军把宋国都城包围了整整九个月,宋人绝粮,只得派大夫华元趁夜色偷偷摸摸地跑到楚国的军营里,摸到了子反的床上,把子反叫醒,要与他聊一聊。华元对子反说:"我们的君主派我来,是要把我们的困难全都告诉您。我们君主说:'敝国城内已经是交换着孩子杀了吃,劈开骸骨当柴烧。虽然如此困难,兵临城下而被迫结盟,就如同亡国一样,我们不能同意。如果你们能够撤退三十里,我们就唯命是从。'"子反把此事汇报给楚庄王,楚庄王听后,赞叹说:"他们真是诚实啊,我们也只剩下两天的军粮了。"两国在坦诚相见的基础上,签订了和约。和约上写道:"我无尔诈,尔无我虞。"意思是:"我不欺骗你,你也不欺骗我。"从而留下"尔虞我诈"一词。

儒、释、道三家,甚至是所有的古代学派,都非常重视诚实、信用这一品德,而且认为这一美德是来自大自然:

诚者,天之道也;诚之者,人之道也。(《礼记·中庸》)

夜尽日出,春去夏来,大自然对人们从来都是诚实无欺的,因此人也应该效法自然,做到诚实。"精诚所加,金石为开"(《后汉书·光武十王列传》),是古人为我们留下的至理名言。

行足以为仪表①,智足以决嫌疑②,信可以使守约③,廉可以使分财,此人之豪也。

【注释】

①仪表:表率,榜样。

②决嫌疑:解决疑难问题。

③信:诚信。守约:坚守盟约。

【译文】

他的行为可以成为人们的表率,他的智慧能够解决疑难问题,他的诚信能够坚守住盟约,他的廉洁品德可以掌管为大家分配财产之事,这就是人类中的豪杰啊。

【解读】智足以决嫌疑

一个人,一个家庭,一个国家,都会不时遇到一些疑难问题,而要想解决这些疑难问题,靠的就是智慧。黄石公的弟子张良就是运用自己的超人智慧,为大汉王朝解决了许多疑难问题,读者可以仔细品读本书的附录二《史记·留侯世家》。除了张良,我们再举两例。

第一例,我们看看战国时期,赵国大夫触詟是如何在不慌不忙、从从容容之中为国家排忧解难的。

《战国策·赵策四》记载,赵惠文王去世时,其子孝成王尚幼,于是就由赵惠文王的夫人赵太后主持国政。就在此时,秦国紧急进攻赵国。赵国只得向齐国请求救援,齐国说:"必须让赵太后的小儿子长安君来齐国做人质,我们才会出兵。"赵太后不同意,大臣们都极力劝谏,因为这涉及国家存亡,而赵太后明确警告大臣们说:"谁要是再劝我让长安君去做人质,我一定吐他一脸唾沫。"

左师(官名)触詟请求拜见太后,太后知道他也是为此事而来,于是就怒气冲冲地等着他。触詟进宫后慢慢走上前去,到了太后跟前就向她谢罪,说:"老臣的腿脚有毛病,一直无法正常行走,很久没有拜见太后您了。虽然自己原谅自己的懒惰,但仍然担心您身体欠安,所以希望能来看看您。"赵太后说:"我现在出门只能靠坐车了。"触詟问:"您每天饮食该不会减少吧?"太后说:"靠喝点粥维持吧。"触詟说:"老臣最近也很是不想吃东西，所以就勉强散散步，每天走上三四里路，才能增加点食欲，身体也舒服一些。"太后说："我可做不到这一点儿啊。"太后的脸色稍微缓和了一些。

触詟接着说："老臣我有个儿子叫舒祺，年龄最小，没什么出息。我已经年老体衰了，很疼爱他。希望他能够充当一名王宫卫士，来保卫王宫，为此我冒死来向太后提出这一请求。"太后说："好啊。他今年多大了？"触詟答道："十五岁了。虽然年纪尚小，老臣还是想趁着自己没死之前把他托付给您。"太后说："男人也疼爱自己的小儿子吧？"触詟答道："比妇人家更疼爱。"太后笑着说："妇人家才特别疼爱小儿子呢。"触詟说："老臣认为您疼爱燕后（赵太后之女，嫁与燕国君主为王后）要超过长安君啊。"太后说："你说错了，我疼爱燕后远不如疼爱长安君。"触詟说："父母疼爱子女，应该替他们做长远打算。您送别燕后时，在车下握着她的脚后跟，为她伤心掉泪，因为她要离家远嫁。这就是爱她啊！燕后出嫁以后，您不是不想念她，然而每次祭祀时总要替她祷告说：'千万别让她回来啊。'这难道不是替她做长远打算，希望她的子孙世代为王吗？"太后说："正是这样。"

触詟问："从现在算起，上推到三代人以前，甚至上推到赵氏立国的时候，赵王子孙被封侯的，他们的后代还有保住侯位的吗？"太后答道："没有了。"触詟又问："不仅是赵国，就是其他诸侯的子孙，他们的后代还有保住侯位的吗？"太后答道："我没有听说过。"触詟说："这些封君们，有些是自己取祸而亡，有些是子孙取祸而亡。难道说国君的子孙们都不善良吗？只是因为他们地位尊贵却无功于国，俸禄丰厚但没有为国出力，拥有的金玉珍玩太多而已。现在您使长安君的地位很尊贵，又封给他肥沃的土地，给他贵重的金玉珍玩，却不让他趁现在的机会为国立功。有朝一日太后您不幸去世，长安君将倚仗什么在赵国安身立命呢？老臣认为您替长安君打算得不够长远，所以说您疼爱长安君不如疼爱燕后。"太后说："好吧，那就任凭你怎样安排他吧！"于是就为长安君准备一百辆随行的车辆,送他到齐国充当人质,齐国这才出兵援救赵国。

这个故事讲述了一个非常成功的游说过程。触詟入宫后慢慢行走,目的是为了缓和太后与自己之间的紧张气氛;他先与太后拉家常,一是可以进一步缓和气氛,二是要慢慢引入主题。在时机成熟之后,触詟便使用对比法(先把男子与女子疼爱小儿子的程度做对比,再把太后对燕后与长安君的疼爱程度与方法做对比),之后才劝告太后同意让长安君去齐国做人质。触詟就是如此运用自己的智慧,从从容容、举重若轻地为国家解决了一个大难题。

关于名家的思想,被不少人视为无益之作:"公孙龙著坚白之论,析言剖辞,务折曲之言,无道理之较,无益于治。"(《论衡·案书篇》)从表面来看,研究"离坚白""白马非马""鸡三足"之类的命题的确对现实生活毫无作用,然而如果能够再深一层地去考察,就会发现对这些命题的研究,可以提高人的抽象思维能力,锻炼人的思维灵活性,这样也就会间接地有利于现实生活。公孙龙正是依靠自己的抽象思维能力为自己解决了难题:

> (公孙龙)尝度关。关司禁曰:"马不得过。"龙曰:"我马白,非马。"遂过。(《公孙龙子悬解》)

在古代,马匹是一个国家重要的战略物资,不少国家规定不许把自己国家的马匹带到其他国家,所以公孙龙在出关时,所骑的白马被扣了下来。公孙龙竟然用"白马非马"的道理,说服守关官员,使自己顺利骑马过关。公孙龙不仅凭借出色的思维能力为自己解决难题,也为赵国解决了一次外交难题:

> 空雄之遇,秦、赵相与约,约曰:"自今以来,秦之所欲为,赵助之;赵之所欲为,秦助之。"居无几何,秦兴兵攻魏,赵欲救之。秦王不说,使人让赵王曰:"约曰:'秦之所欲为,赵助之;赵之所欲为,秦助之。'今秦欲攻魏,而赵因欲救之,此非约也。"赵王以告平原君。平原君以告公孙龙,公孙龙曰:"亦可以发使而让秦王曰:'赵欲救

之，今秦王独不助赵，此非约也。'"(《吕氏春秋·淫辞》)

秦国与赵国在空雄（疑为"空洛"，地名）签订了一份友好条约，条约写明："从今以后，秦国想要做什么，赵国就帮助秦国；赵国想要做什么，秦国就帮助赵国。"条约签订后不久，秦国起兵进攻魏国，而赵国担心唇亡齿寒，便出兵援救魏国。秦王自然很不高兴，就派使者去责备赵王："条约规定'秦国想要做什么，赵国就应该帮助秦国'，现在秦国准备进攻魏国，而赵国却去救援魏国，你们赵国违背了条约。"赵王对于这一外交难题很是挠头，只得向平原君求助。平原君也想不出应对这一外交责难的办法，转而又向公孙龙求助，公孙龙回答说："赵国也可以派使者去责备秦王，说：'赵国想救援魏国，而秦王不仅不帮助赵国去救助魏国，反而还想进攻魏国，这不符合条约上说的"赵国想要做什么，秦国就应该帮助赵国"。'"由于公孙龙平时爱动脑子，研究一些弯弯绕绕的问题，客观上锻炼了他的抽象思维能力，所以一旦遇到现实难题，就能够轻而易举地解决了。

守职而不废，处义而不回[1]，见嫌而不苟免[2]，见利而不苟得，此人之杰也。

【注释】

[1]处义：坚持正义。不回：不干奸邪之事。回，奸邪。把"回"理解为回转、动摇亦可。"处义而不回"的意思就是"坚持正义原则而毫不动摇"。

[2]见嫌而不苟免：看到有嫌疑的事情也不会去无原则地回避。苟，苟且，不严肃。"见嫌而不苟免"的事例，详见"解读"。

【译文】

恪守自己的职务而不荒废自己的职责，坚持正义而不做任何奸邪之事，看到嫌疑之事而不会不讲原则地去回避，看见利益而不会随便就去攫取，这是人类中的英杰啊。

【解读】见嫌而不苟免

"瓜田李下"是人们耳熟能详的一个成语，原出自曹植的《君子行》：

> 君子防未然，不处嫌疑间。瓜田不纳履，李下不整冠。

意思是君子为了防患于未然，不去做嫌疑之事，因此在瓜田里不要低头穿鞋，在李树下不要举手整理帽子，免得别人怀疑你在偷瓜盗李。但是，有时候君子为了实现自己的远大理想，为了拯救民众，又要有不怕嫌疑的精神，孔子见南子就是典型事例之一。《论语·雍也》记载：

> 子见南子，子路不说。夫子矢之曰："予所否者，天厌之！天厌之！"

《史记·孔子世家》对此记载得更为详细："灵公夫人有南子者，使人谓孔子曰：'四方之君子不辱欲与寡君为兄弟者，必见寡小君，寡小君愿见。'孔子辞谢，不得已而见之。夫人在绨帷中。孔子入门，北面稽首。夫人自帷中再拜，环佩玉声璆然。孔子曰：'吾乡为弗见，见之礼答焉。'子路不悦，孔子矢之曰：'予所不者，天厌之！天厌之！'"南子是宋国女子，后来成为卫灵公的夫人。南子与宋国人宋朝私通，名声不佳，但她对卫国的政治有一定影响力。孔子到了卫国后，南子主动要求与孔子见面。孔子为了能够得到南子的帮助，在卫国干一番事业，便单独去见南子，其弟子子路对此非常不满，怀疑孔子与南子干了苟且之事，已经五六十岁的孔子面对弟子的怀疑，又无法自证清白，于是急得发誓说："我如果干了不正当的事情，上天抛弃我！上天抛弃我！"

子路比孔子小九岁，两人交情至厚，那么子路对自己的圣人老师为什么如此缺乏信任感呢？关于这一疑问，困扰了我们好多年。后来阅读了一些史料，使我对这些疑问有了初步的答案。

在后人看来，孔子与其他妇女的关系应该是非常严肃的，不然就不是孔老夫子了。然而在早期的典籍里，却不时透露出孔子的一些风流传闻。东方朔《七谏·沉江》写道：

路室女之方桑兮，孔子过之以自侍。

这一记载十分简略，王逸《楚辞章句》注释说："言孔子出游，过于客舍，其女方采桑，一心不视，喜其贞信，故以自侍。过，一作遇。"说是孔子周游列国时，看到一位正在采桑的未婚女子，这位女子并没有因为孔子的车队到来而赶去看热闹，仍然一心一意地采摘自己的桑叶，于是孔子就认为这女子与众不同，有贞信之德，于是就向这位女子求爱，而且成功了。梁《殷芸小说》卷二有一段记载与此相似：

孔子去卫适陈，途中见二女采桑。子曰："南枝窈窕北枝长。"答曰："夫子游陈必绝粮。九曲明珠穿不得，著来问我采桑娘。"夫子至陈，大夫发兵围之，令穿九曲明珠，乃释其厄。夫子不能，使回、赐返问之。其家谬言女出外，以一瓜献二子。子贡曰："瓜，子在内也。"女乃出，语曰："用蜜涂珠，丝将系蚁，蚁将系丝。如不肯过，用烟熏之。"孔子依其言，乃能穿之。于是绝粮七日。

这则故事明显带有小说性质，特别是细节，有明显的虚构迹象，不可全信，但也不能完全否定它的真实性。孔子见到两位采桑女，无端地就借咏桑夸奖她们"南枝窈窕北枝长"，确实带有挑逗性质。这一记载的基本事实与《七谏》及王逸注是相吻合的，或者说是在《七谏》的基础上演绎出来的。

孔子虽然是一位德才兼备的圣人，但他向女子求爱时也并非每次都能得意。汉初大儒韩婴在《韩诗外传》卷一中记载说：

孔子南游适楚，至于阿谷之隧，有处子佩瑸而浣者。孔子曰："彼妇人其可与言矣乎？"抽觞以授子贡，曰："善为之辞，以观其语。"子贡曰："吾北鄙之人也，将南之楚。逢天之暑，思心潭潭，愿乞一饮，以表我心。"妇人对曰："阿谷之隧，隐曲之汜，其水载清载浊，流而趋海，欲饮则饮，何问于婢子！"受子贡觞，迎流而挹之，奂然而弃之，从流而挹之，奂然而溢之，坐置之沙上。曰："礼固不亲授。"子贡以告。孔子曰："丘知之矣。"抽琴去其轸，以授子贡曰：

"善为之辞,以观其语。"子贡曰:"向子之言,穆如清风,不悖我语,和畅我心。于此有琴而无轸,愿借子以调其音。"妇人对曰:"吾野鄙之人也,僻陋而无心,五音不知,安能调琴?"子贡以告。孔子曰:"丘知之矣。"抽缔绤五两以授子贡,曰:"善为之辞,以观其语。"子贡曰:"吾北鄙之人也,将南之楚。于此有缔绤五两,吾不敢以当子身,敢置之水浦。"妇人对曰:"行客之人,嗟然永久,分其资财,弃之野鄙。吾年甚少,何敢受子? 子不早去,今窃有狂夫守之者矣。"

这段记载有两点值得注意:第一,孔子追求对方时"技巧娴熟",他看到一位少女在水边洗衣,就假借口渴与对方接触,这就很类似《诗经·氓》中"氓之蚩蚩,抱布贸丝。匪来贸丝,来即我谋"的贸丝之举了。接着孔子让对方为自己调琴,有读者在"调琴"处批"调情也",意为二者是谐音双关,此解也有道理。最后送财物给少女,希望以此打动对方。当然,由于少女的坚决拒绝,孔子以失败而告终。第二,孔子始终没有直接出面,而是让能言善辩的子贡代劳。此等事也让别人代劳,放浪中透出几分书生呆气。自从读了这两个故事后,基本解决了长期困扰我们的两个问题。

第一个问题就是孔子独自见南子受到子路怀疑的原因。南子是一位漂亮的宋国女子,嫁给卫灵公做了夫人。她在卫国有一定权势,但私生活不够检点。过去,我们每读到这里时,心里总有疑问,孔子是"非礼勿视,非礼勿听,非礼勿言,非礼勿动"(《论语·颜渊》)的大圣人,而子路是孔子的大弟子之一,为什么孔子单独去见见南子,子路就会起疑心呢? 难道长期共过患难的师生之间就如此不信任吗? 如果我们把孔子过去的这些浪漫故事同见南子的事情联系起来,就会明白子路对孔子的不放心和不满不是无缘无故的,因为子路在同孔子的长期交往中,曾目睹过孔子的类似"前科"。

第二个问题是孔子是否整理过《诗经》的事。《史记·孔子世家》记载说:

古者《诗》三千余篇，及至孔子，去其重，取可施于礼义，上采契、后稷，中述殷、周之盛，至幽、厉之缺……三百五篇，孔子皆弦歌之，以求合《韶》《武》《雅》《颂》之音。礼乐自此可得而述，以备王道，成六艺。

司马迁对孔子整理《诗经》的事实言之凿凿，没有半点含糊之处，然而后人却推翻此说，其立论的根据之一就是说孔子是反对自由恋爱的，而《诗经》中却保留了那么多爱情诗歌，可见孔子没有删诗。然而如果知道了孔子的这些事情，我们就不会为孔子为什么不删除《诗经》中的爱情诗歌而大惑不解了。因为在孔子看来，这些事情是符合当时礼义的，孔子对爱情诗歌持欣赏态度。

其实，关于孔子风流韵事的这些记载一点也没有损害孔子形象，相反，更使人觉得他是一位有血有肉、可亲可爱的人。至少当我们看到这些故事以后，孔子在我们心目中的形象一下子"活"了起来，而不再是一尊呆板的偶像。偶像可敬而不可亲，只有为人类做出巨大贡献的活生生的人，才是既可敬又可亲的人，而孔子就是这样的人。

我们举孔子见南子的故事，主要还是为了说明本章中提出的"见嫌而不苟免"这一原则。孔子就是一位为了实现自己远大政治理想、拯救天下民众而极有担当、看到嫌疑之事而不去不讲原则地回避的大圣人。

右第二章，言道不可以非正[①]。

【注释】

①非正：不是正道。即邪道。古人把"道"分为正道与邪道两大类："诸侯恣行，政由强国。故孔子闵王路废而邪道兴，于是论次《诗》《书》，修起礼乐。"（《史记·儒林列传》）意思是，春秋时期，诸侯横行，强大的诸侯把持天下政坛，孔子感到先王的大道被抛弃了，而各种歪理邪说出现了，于是就整理《诗经》《尚书》，恢复

礼乐。本章的这段文字见《百子全书》本,文渊阁《四库全书》本没有这段文字,而是把"言道不可以非正"作为张商英的注,放在本章标题之下:"注曰:道不可以非正。"

【译文】

以上为第二章,讨论的内容是,要遵循正确原则,不可谈论歪门邪道。

求人之志章

【题解】

求人之志,选择个人的意愿与志向。求,需求,追求。这里引申为选择。本章主要讨论一个人如何选择自己的意愿与志向,实际上也就是讨论做人的原则。作者提出的做人原则主要有:尽量减少欲望,阻止邪恶言行,不可沉溺酒色,避开嫌疑之地,广泛学习请教,行为高尚而言语谨慎,做到谦虚节俭,注重深谋远虑,亲近仁义正直之人,重用才学之士,远离恶人佞徒,学会推古验今,做事三思后行,懂得权变原则,顺应客观局势,永保美好言行,如此等等。可以说,本章由许多格言组成,每一句格言,都值得我们奉行终身。

绝嗜禁欲①,所以除累②。抑非损恶③,所以禳过④。贬酒阙色⑤,所以无污。避嫌远疑⑥,所以不误。博学切问⑦,所以广知。高行微言⑧,所以修身。

【注释】

①绝嗜禁欲:断绝自己各种过分的、不必要的嗜好、欲望。嗜,嗜好。

②所以除累:这是用来免除各种牵累的方法。所以,……方法。累,

牵累，烦恼。欲望对人的牵累，详见"解读一"。

③抑非损恶：阻止非法行为，减少邪恶行径。抑，压制，阻止。

④禳（ráng）过：避免犯错。禳，古代为了消除灾祸、去邪除恶而举行的一种祈祷祭祀活动。这里主要取其"消除"义。

⑤贬酒阙色：不要沉溺于酒色。贬，减少。阙色，不好色。阙，通"缺"。缺乏。这里是减少、不要的意思。关于酒的功过，详见"解读二"。

⑥避嫌远疑：远远离开嫌疑之地。这与前一章中的"见嫌而不苟免"主张似乎是矛盾的，如何看待、解决这一矛盾，详见"解读三"。

⑦博学切问：广泛学习，请教一些切实的问题。切问，请教一些切实的问题。一说是恳切请教。《论语·子张》："子夏曰：'博学而笃志，切问而近思，仁在其中矣。'"关于博学的问题，详见"解读四"。

⑧高行微言：行为高尚，言语谨慎。微言，少言。微，少。另外，"微言"还有精微之言、密谋等含义。

【译文】

断绝各种过分的嗜好与欲望，可以消除许多牵累。阻止非法行为，减少邪恶行径，可以避免许多过错。不沉溺于酒色，可以保持身心纯洁干净。避开嫌疑之地，可以避免误会。广泛学习，请教切实问题，可以扩展自己的知识面。行为高尚，言语谨慎，可以修养好自己的品德。

【解读一】绝嗜禁欲，所以除累

张商英对这两句注释说："人性清静，本无系累；嗜欲所牵，舍己逐物。"一个人要想完全清除自己的欲望是不可能的，但欲望过多，不仅有害于社会，对自己也是极端的不利。

庄子说："其耆欲深者，其天机浅。"（《庄子·大宗师》）一个人欲望越深重，他的天然智慧就会越浅薄，庄子举了一个典型的例子：

　　　　以瓦注者巧，以钩注者惮，以黄金注者殙。其巧一也，而有所矜，则重外也。凡外重者内拙。（《庄子·达生》）

　　用瓦器做赌注的人，赌技就能够发挥得很好；用衣带钩做赌注，就会因为担心损失而发挥失常；用黄金做赌注的人，就会紧张得昏乱糊涂。赌博技巧是一样的，有时会因为顾虑重重而发挥失常，这是因为太看重名利这些身外之物了。凡是看重身外之物的人，内心就会变得笨拙。关于欲望对一个人的认知能力的影响，《列子·说符》也有一个故事：

　　　　昔齐人有欲金者，清旦衣冠而之市，适鬻金者之所，因攫其金而去。吏捕得之，问曰："人皆在焉，子攫人之金何？"对曰："取金之时，不见人，徒见金。"

　　从前有一个齐国人特别贪爱黄金。在一个赶集的日子，他一大早就穿戴得整整齐齐去市场买东西，当他路过黄金店时，被灿烂的黄金给吸引住了，脑子一热，抢了一把黄金就跑，结果很快就被抓住。官员在审问他时，百思不得其解，问他："赶集的日子，人这么多，你怎么敢当着这么多人的面去抢别人的黄金呢？"此人回答："当我伸手抢黄金的时候，眼里一个人也没看到，只看到了黄金。"对黄金的贪欲，使这个齐国人对满市场熙熙攘攘的人群视而不见。

　　当然，欲望还有"公欲"与"私欲"之分。孔子对君子与小人的精神面貌有一个概括性的总结："君子坦荡荡，小人长戚戚。"（《论语·述而》）为什么君子的胸怀是那样的坦荡无私、无忧无虑，而小人总是那样的患得患失、满腹忧愁呢？孔子自己有一个回答。《荀子·子道》记载：

　　　　子路问于孔子曰："君子亦有忧乎？"孔子曰："君子，其未得（指没有得到权位）也，则乐其意；既已得之，又乐其治。是以有终生之乐，无一日之忧。小人者，其未得也，则忧不得；既已得之，又恐失之。是以有终身之忧，无一日之乐也。"

　　君子没有地位时，为自己抱有远大的志向而快乐；有了地位之后，又为自己的美好治理而快乐，因此君子常乐。君子常乐的原因是他们怀抱的是"公欲",是为百姓利益而奋斗。而小人患得患失,于是整天发愁。小人之所以整天生活在忧愁之中,就是因为他们的私欲太重。

【解读二】酒的功过

"何以解忧,唯有杜康"(曹操《短歌行》)是我们耳熟能详的名句,自从杜康发明酿酒技术之后,酒的历史功过及其各种典故,可以说在史书中俯拾即是。在这里,我们仅举两例,以说明"成也美酒,败也美酒"。

我们一直认为,刘邦才是真正的千古一帝,秦始皇、汉武帝、唐太宗等等,都是在先祖的基业上开疆拓土,而刘邦是我国第一位由平民登上皇帝宝座的开国君主,他开创的汉王朝不仅长达四百余年,而且是我国历史上最为强盛的王朝之一,我们今天自称汉族,就是由此而来。刘邦这一伟业的建成,与酒不无关系:

> 高祖以亭长为县送徒郦山,徒多道亡。自度比至皆亡之,到丰西泽中,止饮,夜乃解纵所送徒。曰:"公等皆去,吾亦从此逝矣。"徒中壮士愿从者十余人。高祖被酒,夜径泽中,令一人行前。行前者还报曰:"前有大蛇当径,愿还。"高祖醉,曰:"壮士行,何畏!"乃前,拔剑击斩蛇,蛇遂分为两,径开。行数里,醉,因卧。后人来至蛇所,有一老妪夜哭。人问:"何哭?"妪曰:"人杀吾子,故哭之。"人曰:"妪子何为见杀?"妪曰:"吾子,白帝子也,化为蛇,当道,今为赤帝子斩之,故哭。"人乃以妪为不诚,欲笞之,妪因忽不见。后人至,高祖觉。后人告高祖,高祖乃心独喜,自负。诸从者日益畏之。

（《史记·高祖本纪》）

这就是历史上极为著名的斩白蛇起义的典故。《史记》记载,刘邦以亭长的身份为沛县(今江苏沛县)送徒役到骊山(今陕西西安临潼区南)服役,很多役徒中途逃亡。刘邦估计等到了郦山时,大概都逃光了。当他们走到丰邑(今江苏丰县)西边的沼泽地带时,便停下来休息、喝酒。喝到夜间,刘邦就乘着酒意私自释放了所有的役徒,说:"各位都逃了吧,我也要逃走了!"有十多位勇敢的徒役愿意追随刘邦。刘邦带着酒意,连夜走小路通过这片沼泽。他派一人前行探路,探路的人回来报告说:"前面有一条大蛇挡在路中间,咱们还是折回去吧。"刘邦醉醺醺地说:"壮士走路,何所畏惧!"于是就走上前去,拔剑击蛇,大蛇被斩为两段,道路打通了。又走了几里地,刘邦的酒力发作,便躺下睡着了。后面的人来到斩蛇的地方,看见一位老太太在那里哭泣。人们问她为什么哭泣,老太太说:"有人杀了我儿子,所以我哭。"人们又问:"你儿子为什么被杀了?"老太太说:"我儿子是白帝的儿子,变成一条蛇,横在路当中,如今被赤帝的儿子杀了,我为此而哭。"人们以为老太太不诚实,说假话,想要打她.老太太却突然不见了。后面的人赶到刘邦睡觉的地方,刘邦已经醒了。他们把刚才发生的事情告诉刘邦,高祖听了暗自高兴,更觉得自己非同常人,那些追随他的人也对他日益敬畏起来。

刘邦就是仗着酒精为他增添的义气与胆量,不仅擅自释放了朝廷的徒役,而且还斩杀了挡路的大蛇,这不仅逼迫他走上起兵抗秦的道路,也为他赢得了极具神秘色彩的威严。刘邦的成功,酒与有力焉。

当然,酒扮演的并非完全是成功者的催化剂角色,在许多时候,酒又成了失败者的催命符。《韩非子·十反》记载:

　　昔者楚共王与晋厉公战于鄢陵,楚师败,而共王伤其目。酣战之时,司马子反渴而求饮,竖穀阳操觞酒而进之。子反曰:"嘻!退!酒也。"穀阳曰:"非酒也。"子反受而饮之。子反之为人也,嗜酒,而甘之,弗能绝于口,而醉。战既罢,共王欲复战,令人召司马子反,司马子反辞以心疾。共王驾而自往,入其幄中,闻酒臭而还,曰:"今日之战,不穀亲伤。所恃者,司马也,而司马又醉如此,是亡楚国之社稷而不恤吾众也。不穀无复战矣。"于是还师而去,斩司马子反以为大戮。

楚共王与晋厉公在鄢陵(今河南鄢陵)作战,楚国的军队战败了,楚共王的眼睛也受了伤。在战斗最激烈的时候,楚国的司马子反口渴了要水喝,年轻的侍从穀阳就拿了杯酒给司马子反,子反说:"哼!拿回去!

你拿的是酒。"榖阳说:"不是酒。"子反接过来就喝了。子反这个人,嗜好饮酒,感到这酒喝起来异常甜美,于是就不停地喝起来,结果就喝醉了。战斗结束以后,楚共王计划明日再战,于是就派人去召请司马子反商议,司马子反以心口疼为理由予以推辞。楚共王只好亲自驾着马车去见子反,进入子反的军帐之中,闻到酒气之后当即返回,说:"今日之战,我自身也受了伤。楚军所依赖的人,就是司马子反啊,而司马子反又烂醉如此,他这是忘记了楚国的社稷,而且不爱惜我的将士啊。我不想再与晋军打下去了。"于是就撤军而去,杀了司马子反,又把他的尸体公开示众。

　　酒之所以能够成事败事,除了一些客观原因与偶然因素之外,最重要的还是由主观的天性与素质决定的。《淮南子·说林训》记载:"柳下惠见饴,曰可以养老;盗跖见饴,曰可以黏牡。见物同,而用之异。"据说,春秋时期的大贤人柳下惠与大盗贼盗跖是兄弟俩,有一次,他俩看到一盆糖稀,柳下惠说:"这糖稀最适合于老人食用。"而盗跖却说:"偷东西时,把这些糖稀抹在门栓上,拨动时肯定是又光滑又无声响。"同样的东西,在柳下惠那里成了养老的美食,而在盗跖那里却成了作恶的工具。出现这种差异,在于二人的品性不同。同样的酒,进入品性不同者的体内,就会产生不同的效果。刘邦天性仁厚,使他能够仗着酒胆释放朝廷的劳役;而商纣王天性残酷,使他能够仗着酒胆,施炮烙之刑,剖忠臣之心。因此,无论成事还是败事,其责任的主要承担者是人自身,而不是酒。

　　【解读三】避嫌远疑,所以不误

　　《正道章》主张"见嫌而不苟免",要求人们看到有嫌疑的事情也不要去无原则地回避;本章又要求人们"避嫌远疑",这是一对矛盾。如何看待与解决这一矛盾,我们先举《孟子·告子下》的一段话:

　　　　任人有问屋庐子曰:"礼与食孰重?"曰:"礼重。""色与礼孰重?"曰:"礼重。"曰:"以礼食,则饥而死;不以礼食,则得食,必以礼乎? 亲迎,则不得妻;不亲迎,则得妻,必亲迎乎!"屋庐子不能对,明日之邹以告孟子。孟子曰:"於! 答是也何有? 不揣其本而齐其末,方寸之木可使高于岑楼。金重于羽者,岂谓一钩金与一舆羽之谓哉?"

有位任国(今河北任县)人问孟子弟子屋庐子说:"礼制和食物哪样更重要?"屋庐子说:"礼更重要。"任国人又问:"娶妻和礼制哪样更重要?"屋庐子说:"礼更重要。"任国人又问:"如果遵循礼制才能吃饭,就只有饿死;不遵循礼制吃饭,就可以得到吃的,那还一定要遵循礼制吗? 如果遵循新郎要亲自迎接新娘等等婚姻礼节,就娶不到妻子;不遵循这些礼节,就可以娶到妻子,还是一定要遵循这些礼节吗?"屋庐子不知道该如何回答,第二天就到邹国,把这些问题告诉了孟子。孟子说:"回答这些问题又有什么困难呢? 如果不观察底部的高低是否一致,只管拔高顶端,那么一块一寸见方的木头可以使它高过高楼的顶部。我们说金属比羽毛重,难道是说一个衣带钩的金属比一车羽毛还重吗? 拿吃的重要方面和礼的细枝末节相比较,何止是吃的更重要? 拿娶妻的重要方面和礼的细枝末节相比较,何止是娶妻更重要? 你去这样回答他:'拧着哥哥的胳膊,抢夺他的食物,就可以得到吃的;不拧着哥哥的胳膊,便得不到吃的,那么你会去拧着哥哥的胳膊抢夺食物吗? 爬过东边人家的墙头去强行搂抱人家的处女,就可以得到妻子;不去强行搂抱,便得不到妻子,那么你会去强行搂抱人家的处女吗?'"

同样的道理,是否要避开嫌疑,需要掂量一下具体事情的轻重,该避嫌就避嫌,不该避嫌的就不要避嫌。周公在这方面就是楷模。周武王去世后,他的儿子周成王年龄很小,而此时周王朝刚刚建立,社会极不稳定,为了周王朝的千秋大业,周公就不避嫌疑地摄政称王:"昔者,武王崩,成王少,周公旦践东宫,履乘石,祀明堂,假为天子七年。"(《尸子》佚文)当成王年幼时,周公为了周王朝,当了整整七年的代理天子;成王长大之后,周公把政权还给成王,为了避嫌,就离开了都城镐京。对周公还政成王的事情,孔子大为不满:"昔周公反政,孔子非之曰:'周公其不圣乎?以天下让,不为兆人也。'"(《尸子》佚文)孔子认为,为了百姓的福祉,周公就应该当仁不让地一直当天子,不该把政权交给成王。

当然,如何避嫌是一个十分复杂的问题,除了要衡量客观事件轻重之外,主观的心理因素对于如何避嫌也起到关键的作用。我们举"坐怀不乱"的典故为例:

> 柳下惠与后门者同衣,而不见疑,非一日之闻也。(《荀子·大略》)

> 鲁人有男子独处于室,邻之釐妇又独处于室,夜暴风雨至而室坏。妇人趋而托之,男子闭户而不纳。妇人自牖与之言曰:"子何为不纳我乎?"男子曰:"吾闻之也,男子不六十不间居。今子幼,吾亦幼,不可以纳子。"妇人曰:"子何不若柳下惠然? 妪不逮门之女,国人不称其乱。"男子曰:"柳下惠固可,吾固不可,吾将以吾不可学柳下惠之可。"孔子曰:"欲学柳下惠者,未有似于是者也。"(《毛诗正义·巷伯》)

第一个故事是说:在一个十分寒冷的冬夜,柳下惠住在城门外,有一位女子因为回来晚了,城门已经关闭,无法进城。女子冻得瑟瑟发抖,柳下惠担心她冻死,就让她坐在自己怀里,并解开外衣把她裹紧取暖,但两人没有任何越礼之举。这就是千古美谈"坐怀不乱"的故事。

第二个故事是说,鲁国一位独身男子与一位年轻寡妇相邻而居,一天晚上,暴风雨把寡妇的房子毁坏了,年轻寡妇就要求到该男子家避雨,但男子坚决不同意。女子请求男子可以学习柳下惠坐怀不乱,而男子回答说,自己正是用不与她夜晚同室的方法来学习柳下惠坐怀不乱的精神。孔子对男子的避嫌做法极为赞成。

孔子支持周公为了百姓,可以不用避嫌,继续当天子,不必还政于成王;而为了男女避嫌,他又支持男子拒绝女子同室避雨的要求。孔子的避嫌原则未必完全正确,但毕竟有自己的原则。我们面对新的时代与新的道德标准，也可以制定较为恰当的避嫌原则，在瓜田李下时，该纳履整冠的时候就光明正大地纳履整冠；不该纳履整冠的时候就不去纳履整冠，以免带来不必要的麻烦。

【解读四】关于博学

古人认为，学问一定要广博，孔子说："君子不器。"（《论语·为政》）意思是："君子不应该像某种器具一样只具备某一种知识。"一般情况下，一种器具只有一种特定的作用，而孔子认为这样不好，君子应该无所不通，无所不晓。在人类知识相对贫乏的古代，孔子要求人们尽可能地扩展自己的知识面，应该说是具有积极意义的。

关于如何博学的方法，古人给我们提供了很多，限于篇幅，我们这里就不再——列举，只谈谈持之以恒、活到老学到老的问题。《说苑·建本》记载：

晋平公问于师旷曰："吾年七十，欲学，恐已暮矣。"师旷曰："暮，何不炳烛乎？"平公曰："安有为人臣而戏其君乎？"师旷曰："盲臣安敢戏其君乎！臣闻之，少而好学，如日出之阳；壮而好学，如日中之光；老而好学，如炳烛之明。炳烛之明，孰与昧行乎？"平公曰："善哉！"

晋平公是春秋时期晋国君主，师旷双目失明，是晋国乐师、贤臣。有一次，晋平公问师旷："我七十岁了，想要学习，恐怕已经太晚了。"师旷说："既然晚了，为什么不点燃蜡烛呢？"晋平公说："哪有做臣子的戏弄他君主的呢？"师旷说："我一个盲臣，怎敢戏弄君主呢？我听说，少年时喜欢学习，如同太阳刚刚升起时的阳光；壮年时喜欢学习，如同正午时的阳光；老年时喜欢学习，如同蜡烛的光亮。点燃蜡烛照明，与在黑暗中行走相比，哪个更好一些呢？"晋平公说："说得好啊！"晋平公虽然承认师旷说得好，但是否做到了，我们不得而知，而孔子完全做到了活到老、学到老这一点：

孔子病，商瞿卜期日中。孔子曰："取书来，比至日中，何事

乎？"（《论衡·别通》）

孔子生了重病，让弟子商瞿占卜自己的死期，占卜结果是死期就在当天中午。孔子对商瞿说："拿本书来，从现在到中午，不读书干嘛呢！"孔子做到了他要求的有始有终，始终如一，不愧为万世师表。

恭俭谦约①，所以自守②。深计远虑，所以不穷③。亲仁友直④，所以扶颠⑤。近恕笃行⑥，所以接人⑦。任材使能⑧，所以济务⑨。弹恶斥谗⑩，所以止乱。

【注释】

①恭俭谦约：待人恭敬、勤俭节约、谦虚谨慎、自我约束。关于这四种美德，详见"解读"。

②自守：守护好自己的安全与家业。

③所以不穷：就不会陷入困窘的境地。穷，走投无路。先秦时期，缺乏衣食钱财叫"贫"，走投无路、处境艰难叫"穷"。

④亲仁友直：亲近仁义之人，结交正直之士。友，友好，结交。

⑤所以扶颠：就可以挽回衰败的局面。扶，扶持，挽回。颠，跌倒，倒下。这里引申为衰败。

⑥近恕笃行：品性宽容，行为忠厚。近，接近，做到。恕，推己及人叫"恕"，即自己所不愿要的事物，就不要施加在别人的身上。《论语·卫灵公》："其恕乎！己所不欲，勿施于人。"笃，忠诚，厚道。

⑦所以接人：以此来待人接物。

⑧任材使能：任用有才华的人，重用有能力的人。材，通"才"。才能。

⑨所以济务：以此来帮助事业成功。济，接济，帮助。务，事务，事业。

⑩弹（tán）恶斥谗：抨击邪恶之人，清除谗佞之徒。弹，批评，抨击。斥，斥退，清除。谗，说别人的坏话。这里指说别人坏话的人。《百子全书》本此句作"癉（dàn）恶斥谗"，癉，厌恶，憎恨。

【译文】

做到待人恭敬、勤俭节约、谦虚谨慎、自我约束,就能够保护好自身的安全与家业。深谋远虑,就不会陷入困窘的境地。亲近仁义之人,结交正直之士,就能够挽回衰败的局面。品性宽容,行为忠厚,用这一原则去待人接物。任用有才能的人,用这一原则去帮助自己的事业成功。批评邪恶之人,清除谗佞之徒,用这一原则去防止社会动乱。

【解读】恭俭谦约,所以自守

本章指出,如果能够做到待人恭敬、勤俭节约、谦虚谨慎、自我约束,就能够保护好自身。如果真的能够做到这些,岂止是能够保护好自身,还能够成就一番事业。

首先谈待人恭敬。

与人相处,最重要的态度之一就是恭敬,老子的老师常拟在临死之前,教导老子的三件事之一就是要"敬老"(《说苑·敬慎》)。不仅要敬老,还要"敬事""敬鬼神",当然也要"尊上敬长"(《大戴礼记·盛德》)。关于待人恭敬的效应,《史记·赵世家》记载了一例:

> 三国攻晋阳,岁余,引汾水灌其城,城不浸者三版。城中悬釜而炊,易子而食。群臣皆有外心,礼益慢,唯高共不敢失礼。襄子惧,乃夜使相张孟同私于韩、魏。韩、魏与合谋,以三月丙戌,三国反灭知氏,共分其地。于是襄子行赏,高共为上。张孟同曰:"晋阳之难,唯共无功。"襄子曰:"方晋阳急,群臣皆懈,惟共不敢失人臣礼,是以先之。"

春秋晚期,晋国的权臣知伯率领韩、魏两国攻打赵国的晋阳(今山西太原),围困一年多以后,知伯又引来汾河水灌注晋阳城,城墙没有淹没的只剩下三版(筑土墙用的木版)高了。城里的人们只好把锅挂起来做饭,互换子女吃掉。群臣都有了外心,对赵襄子的礼节越来越怠慢,唯有高共不敢失礼,依旧尊敬赵襄子。赵襄子担心晋阳无法守住,于是在一天夜晚,就派大夫张孟同出城,暗中结交韩、魏。于是韩、魏与赵合谋,三月丙戌这一天,三国联合起来灭掉了知伯,一起瓜分了他的土地。赵襄子在论功封赏时,给予高共最高的奖赏。张孟同说:"晋阳有难期间,只有高共没有立下任何功劳。"襄子说:"当晋阳危急之时,群臣对我都很怠慢,只有高共不敢有失臣下的礼节,因此他要受到最高奖赏。"没有丝毫战功的高共,仅仅依靠对君主的恭敬态度,就能功盖群臣,可见"恭敬"的重要性。

　　古人非常重视恭敬之德,孔子的得意弟子子贡总结孔子的美德包括"温、良、恭、俭、让"(《论语·学而》)五个方面。为什么要重视"恭敬"之德?《左传·僖公三十三年》解释说:"敬,德之聚也,能敬必有德。"恭敬,是美德的集中表现,待人恭敬的人,肯定会有美德。

　　其次我们谈节俭。

　　老子曾经总结自己的人生经验,说自己有三件法宝,而节俭是其中之一:"我有三宝,持而保之:一曰慈,二曰俭,三曰不敢为天下先。"(《道德经》六十七章)节俭是中国的传统美德,这一美德对于个人品德修养和事业成功都具有极大的积极作用。节俭,包括精力节俭和物质节俭两个方面。我们各举一例。

　　首先我们看精力的节俭。《庄子·知北游》记载:

　　　　大马之捶钩者,年八十矣,而不失豪芒。大马曰:"子巧与?有道与?"曰:"臣有守也。臣之年二十而好捶钩,于物无视也,非钩无察也。"是用之者,假不用者也,以长得其用。

　　大司马家有一位锻造衣带钩(一说"钩"是指一种兵器)的老人,已经八十岁了,但他锻造的衣带钩没有丝毫误差。大司马就请教他说:"您是有什么技巧呢,还是有什么道术呢?"老人回答说:"我一直坚持专心锻造衣带钩。我从二十岁时就喜欢锻造衣带钩,对其他事情连看也不看,除了衣带钩我什么都不关心。"这位老人之所以能够具有如此精湛的锻造衣带钩的技能,凭借的就是他不把精力运用到别的事情上。这就是人们常说的"人有所不为,然后才能有所为"。

其次，我们再看物质的节俭。陈录《善诱文·司马温公训俭》记载，北宋人张知白担任宰相时，生活依然像从前一样节俭，有人劝他从众，以免被讥为虚伪，张知白回答说：

> 吾今日之俸，虽举家锦衣玉食，何患其不能？顾人之常情，由俭入奢易，由奢入俭难。吾今日之俸，岂能常有？身岂能常存？一旦异于今日，家人习奢已久，不能顿俭，必至失所，岂若吾居位去位、身存身亡，常如一日乎？

《宋史·张知白列传》也说："知白在相位，慎名器，无毫发私。常以盛满为戒，虽显贵，其清约如寒士。"身居高位的张知白坚持节俭的生活，不仅可以使全家生活在物质上无后顾之忧，也为将来可能会出现的贫苦日子做好了充分的思想、物质准备。特别是"居位去位、身存身亡"两句，使人备受启迪：虽然我高居相位，但我思想上把自己视为没有任何地位的平民；虽然我还活在世上，但我思想上把自己看作已经死亡的人。一个人如果能够真正做到"居位去位、身存身亡"，那么他就可以在物质、精神两个层面上永远立于不败之地。

第三，我们谈谦虚谨慎。

我们首先要弄明白傲慢与自信的区别，因为社会上不少人混淆了这两个概念，只有弄明白了这两个概念，我们才能明白什么是谦虚。所谓自信，就是相信自己能够做好某件事情。比如，我可以告诉你："我能够解释清楚《素书》这本书。"这是自信。当某个人相信自己"能够解释清楚《素书》这本书"之后，可能会衍生出两种心理反应。一是，既然自己能够弄懂这部神奇的圣书，那么就自以为"老子天下第一"，再也不把任何人放在眼中，这就是"傲慢"。二是，虽然自己能够解释清楚这本书，这也没有什么了不起的地方，人外有人，天外有天，即便你真的是"天下第一"，在大自然面前，恐怕也不过是"寄蜉蝣于天地，渺沧海之一粟"（苏东坡《前赤壁赋》），于是就会低下高昂的头，这就是"谦虚"。关于谦虚谨慎的益处，《周易·谦卦·象》有一个哲学化的总结：

天道亏盈而益谦，地道变盈而流谦，鬼神害盈而福谦，人道恶盈而好谦。谦，尊而光，卑而不可逾，君子之终也。

《周易》说："上天的运行规律是减少盈满（傲慢）的而去补益谦虚的，大地的运行规律是改变盈满的而去补充谦虚的，鬼神的行事原则是损害盈满的而去赐福谦虚的，人们的行事原则是讨厌盈满的而去喜欢谦虚的。有了谦虚的品德，处于高位会更加昌盛繁荣；处于低下的位置，别人也无法在品质方面超越他，君子应该终身谦虚。"后来，人们把《周易》的这一思想总结为"一谦而四益"（《汉书·艺文志》）。意思是，一个人一旦做到谦虚，天、地、鬼神、人四者都会赐福于他。

正因为如此，袁了凡在《了凡四训》中专门安排了一章《谦德之效》，可见袁了凡对这一品德的重视程度。《谦德之效》开篇就引用《周易》与《尚书》的格言，说明谦虚的益处；接着一连讲述了五个故事，用事实证明"满招损，谦受益"（《尚书·大禹谟》）的道理；最后强调，求取功名、福祉的主动权完全掌握在自己手中，只要自己能够立定志向，时时保持谦虚，处处与人方便，就一定能够得到上天的福佑，就一定能够获取科举功名。

最后，我们谈自我约束。

自我约束体现在方方面面，读书也需要自我约束。要想把书读好，约束自我是前提，这方面的例子，最为人们所熟知的大概就是"悬梁刺股"了：

孙敬好学，时欲寐寐，悬头至屋梁以自课。（《楚国先贤传》）

（苏秦）乃夜发书，陈箧（书箱）数十，得太公阴符之谋，伏而诵之，简练以为揣摩。读书欲睡，引锥自刺其股，血流至足。（《战国策·秦策一》）

汉代的孙敬为了避免读书打瞌睡，就用绳子把自己的头发悬挂在房梁上；战国时期的苏秦为了避免读书打瞌睡，就用锥子刺自己的大腿。

除了上述的"读书约束"之外，还有"道德约束"，比如儒家主张的

"吾日三省吾身"(《论语·学而》),"非礼勿视,非礼勿听,非礼勿言,非礼勿动"(《论语·颜渊》),等等。

自我约束本身与自由是相互对立的,是一种并不让人感到愉悦的行为,如何解决这一矛盾,孔子一生的经历可以为我们带来启发:

子曰:"吾十有五而志于学……七十而从心所欲,不逾矩。"《论语·为政》

孔子曰:"少成若天性,习贯如自然。"(《汉书·贾谊列传》)

当孔子十五岁的时候,立志于学,这是需要自我约束的,但通过数十年的修养,孔子已经与大道、各种规矩融为一体,所以他根本不用思考与约束,随意做去,其一言一行都完全符合大道。这也就是他说的"习贯如自然"。在人类认识史上,有所谓的"必然王国"与"自由王国"之说。所谓必然王国,是指人们在认识和实践活动中,对客观事物及其规律还没有形成真正的认识,因而不能自觉地支配自己和外部世界的一种社会状态;所谓自由王国,是指人们在认识和实践活动中,认识了客观事物及其规律并自觉依照这一认识来支配自己和外部世界的一种社会状态。人类的历史就是一个不断地从必然王国向自由王国发展的历史。人类如此,个人也是如此,如果说孔子的"志于学"、孙敬与苏秦的悬梁刺股还属于必然王国的话,那么孔子的"从心所欲,不逾矩"就进入了自由王国。

推古验今①,所以不惑。先揉后度②,所以应卒③。设变致权④,所以解结⑤。括囊顺会⑥,所以无咎⑦。橛橛梗梗⑧,所以立功。孜孜淑淑⑨,所以保终⑩。

【注释】

①推古验今:考察古代情况以检验当今的事情。即人们常说的"以古为鉴"。推,推究,考察。验,验证,检验。

②先揆（kuí）后度（duó）：反复思考、谋划。揆，揣测，思考。度，权衡，谋划。"先揆后度"的意思是前后左右地处处观照，反复谋划。在文渊阁《四库全书》本中，本句作"揆揆后度"，《百子全书》本作"先揆后度"，应以《百子全书》本为是。

③所以应卒（cù）：以此来应对突然发生的事件。所以，……的办法。卒，通"猝"。猝然，突然。这里指突然事变。

④设变致权：设想各种变化，采用权变手段。致，取得，采用。权，权变，就是在不违背基本原则的前提下所进行的灵活变通。权变思想受到古代圣贤的一致赞成，那么究竟什么是权变？详见"解读一"。

⑤所以解结：以此来解决各种复杂的矛盾。解结，打开绳结。比喻解决复杂问题。

⑥括囊（náng）顺会：少言慎语，顺应局势。括囊，扎紧口袋。比喻闭住嘴巴不讲话。括，扎紧。囊，口袋。比喻嘴巴。《周易·坤卦》："六四：括囊，无咎无誉。《象》曰：'括囊无咎'，慎不害也。"顺会，顺应局势。会，际遇，际会。这里指自己所遇到的客观局势。关于"括囊"，详见"解读二"。

⑦无咎：没有灾难。咎，灾难。

⑧橛橛（jué）梗梗：坚定不移的样子。张商英注："橛橛者，有所恃而不可摇。梗梗者，有所立而不可挠。"

⑨孜孜（zī）：勤勉而不懈怠的样子。张商英注："勤之又勤。"淑淑：言行美好的样子。张商英注："善之又善。"

⑩保终：以保证自己有一个美好的结局。

【译文】

考察古代的情况以检验当今的事情，以此来保证自己不会迷惑。前后左右地处处观照，反复谋划，以此来应对突然发生的事件。设想各种变化，采用权变手段，以此来解决各种复杂的矛盾。少言慎语，顺应时局,以此来避免各种灾祸。坚定不移,毫不动摇,以此来建功立业。勤勤恳恳而不懈怠,品德高尚而言行美好,以此来保证自己有一个完美的结局。

【解读一】设变致权

古人有一条做事准则,叫"守经达权"。所谓的"经",就是今天说的基本原则;所谓的"权",就是在不违背基本原则的前提下,针对千变万化的客观环境所进行的灵活变通。基本原则我们不能突破,在基本原则允许的范围内,我们可以灵活变通一下。

中国传统文化的内容浩如烟海,杰出的思想家多如星辰,然而最重要的思想家有四位,这四位是老子、孔子、孟子、庄子,只要我们能够把握住这四位思想家的思想,基本上就能够把握住中国传统文化的精髓,就能够把握住中华民族的心理。而这四位思想家都非常重视"权"。

《道德经》一书虽然没有提到"权"的思想,但据《文子·道德》记载,老子已经谈论过"权"的问题:

> 老子曰:"上言者,下用也。下言者,上用也。上言者,常用也,下言者,权用也。唯圣人为能知之。言而必信,期而必当,天下之高行。直而证父,信而死女,孰能贵之? 故圣人论事之曲直,与之曲伸,无常仪表,祝则名君,溺则捽父,势使然也。夫权者,圣人所以独见。夫先迕而后合者之谓权,先合而后迕者不知权。不知权者,善反丑矣。"

老子认为:下级服从上级,这是常法;而上级服从下级,这是特定情况下的一时权变。讲究信用,这是高尚的行为,是受人们赞扬的,但儿子站出来证明父亲有罪,尾生为了等候一个女子而宁愿淹死在桥下(《庄子·盗跖》等书记载:尾生与一位女子相约在一座桥下见面,女子还没到,洪水先来了,尾生为了不失桥下见面的信诺,便抱着桥墩淹死在桥下),这样的信用又怎么值得提倡呢? 所以圣人是根据不同的情况进行相应的变化,不会固执一端。比如在祭祀神灵时可以直呼君主的姓名,当父亲落入水中时可以揪住他的头发把他拉上来。不仅老子重视"权变"，孔子同样重视"权变"。《论语·子罕》记载：

子曰："可与共学，未可与适道；可与适道，未可与立；可与立，未可与权。"

孔子把一个人的学习、修养分为四个阶段——学习真理，掌握真理，坚持真理，懂得权变："有的人可以与他一起学习，未必就能够与他一起掌握真理；有的人可以与他一起掌握真理，未必就能够与他一起按照真理做事；有的人可以与他一起按照真理做事，未必就能够与他一起做到灵活变通。"由此可见，孔子把"权"看作学习的最高境界，这与老子的"唯圣人为能知权"的思想是一致的。但孔子对"权"没有作详细的解释，而孟子对此有一个生动的说明。《孟子·离娄上》记载：

淳于髡曰："男女授受不亲，礼与？"孟子曰："礼也。"曰："嫂溺，则援之以手乎？"曰："嫂溺不援，是豺狼也。男女授受不亲，礼也；嫂溺，援之以手，权也。"

淳于髡问孟子："男女之间不亲手交接东西，这是儒家制定的礼节吗？"孟子说："是儒家制定的礼节。"淳于髡又问："嫂子掉在水里快要淹死了，弟弟能够用手把她拉起来吗？"孟子说："嫂子掉在水里快要淹死了而弟弟不去把她拉起来，这样的弟弟是豺狼。男女之间不亲手交接东西，这是一般礼节；嫂子掉在水里而弟弟把她拉起来，这是权变。""男女授受不亲"是大的原则，能够坚持这一原则就是"立"；但在一些特殊的情况下，男女又必须"亲"，这就是"权"。这种权变行为在人们的生活中十分重要，大的原则是必须的，但社会生活是那样的丰富多彩，几条大的原则根本无法应对复杂多变的现实生活，因此在不违背大原则的情况下，对所遇事件进行灵活处理，就显得非常重要。

庄子也十分重视权变："知道者必达于理，达于理者必明于权，明于权者不以物害己。"(《庄子·秋水》)庄子认为，懂得大道的人一定会明白一般的事理，明白一般事理的人一定会懂得权变，懂得权变的人一定不会为了名利等身外之物而伤害自己的健康与生命。

四位圣贤都非常赞成权变这一处世原则，他们是如何把这一原则贯彻到自己的实际行动中去的，我们举孔子的两件事情：

第一件事情，是关于子女如何对待父母的责打。"忠孝"是儒家十分重视的一个大原则，根据这一原则，后人进一步提出了"君要臣亡，臣不敢不亡；父要子死，子不敢不死"的行为规则。应该说，后人的这一提法走向了极端，不符合早期儒家思想。在"权"的思想指导下，早期儒家认为子女面对父母暴怒时，应坚持"大杖逃，小杖受"的权变原则。《说苑·建本》记载：孔子的弟子、以孝道著称的曾参和父亲曾晳一起在瓜田锄草时，不小心把一棵瓜苗锄掉了，脾气暴躁的父亲就用一根大杖把曾参击昏在地。曾参苏醒后马上去慰问父亲："刚才大人用力教训我，没有累坏身体吧！"接着又在父亲听得到的地方弹琴唱歌，目的是想让父亲听到自己的歌声，知道自己虽然挨了打，依然是心平气和，目的是要从精神上安抚父亲。孔子听到这件事情后，很生曾参的气，告诉弟子说："你们把门看好，曾参到这里来，不许他进来！"曾参不知道自己错在什么地方，就询问孔子为何生气，孔子说：

小棰则待，大棰则走，以逃暴怒也。今子委身以待暴怒，立体而不去，杀身以陷父不义，不孝，孰是大乎？汝非天子之民邪？杀天子之民罪奚如？（《说苑·建本》）

孔子教导曾参说："看到父亲拿起一根细细的荆条棍来抽打自己，那就应该接受；如果看到父亲气势汹汹地抡起大杖朝自己打来，那就应该逃走，这是为了避开父亲暴怒时的冲动行为。而你这次却没有逃避，待在那里等着挨打，如果你被父亲打死了，就会使你父亲落下不仁不义的恶名，在不孝的行为中，哪一样比这种行为更为不孝呢？再说，你难道不是天子的子民吗？你父亲打死了天子的子民，你难道不知道他该判什么刑吗？"在坚持孝道的原则下，逃与不逃，那就要根据实际情况灵活掌握了。孔子的这一思想实际就是说，在不应该死的时候，即使父要子死，子也不敢死。孔子的这一权变原则无疑是正确的。这种极具弹性的行为自然有利于社会的和谐，而"君要臣亡，臣不敢不亡；父要子死，子不敢不死"的胶滞原则，为社会留下了无数本不该发生的悲剧。

第二件是关于孔子背盟的事情。《史记·孔子世家》记载：

> 过蒲，会公叔氏以蒲畔，蒲人止孔子。……谓孔子曰："苟毋适卫，吾出子。"与之盟，出孔子东门。孔子遂适卫。子贡曰："盟可负邪？"孔子曰："要盟也，神不听。"

有一次，孔子带着弟子去卫国，刚好路过蒲地（也作"濮"，在今河南长垣），而此时的蒲人正与卫国处于战争状态，蒲地人认为如果孔子师生去了卫国，将加强卫国的势力，于是就把孔子一行扣押起来。蒲地人对孔子说："如果你不去卫国，我们就放了你。"孔子为了尽快摆脱困境，就答应了蒲人的要求，与蒲人签订了盟约，并请神灵做见证人。然而孔子一出蒲城的东门，就大摇大摆地直接去了卫国。弟子子贡问："我们可以违背刚刚签订的盟约吗？"孔子回答说："我是在要挟下签订的盟约，这样的盟约神灵是不管不问的。"孔子的这一原则一直影响到现在：在胁迫下签订的合同，是无效合同。

孔子一生最重视的品德之一就是诚信，认为人如果不讲信用，就无法立足于社会。孔子的背盟行为近似于"无赖"，蒲城人看到刚才还信誓旦旦保证不去卫国的孔子一出东门就直奔卫国，一定会气得哭笑不得。但孔子认为自己发的誓言是一种"要盟（被迫立下的盟约）"，而"要盟"是不能作数的。这就是"权"。细想起来，这样的"权"还是非常可爱的。文天祥可算是一位民族英雄了，但在被捕以后，他也向元朝廷提出过"以黄冠归故乡（以道士的身份回到故乡），他日以方外备顾问（今后以世外人的身份做朝廷顾问）"（《宋史·文天祥传》）的要求，这也是一种"权"。只是这一权变计划没有被元朝廷接受而已。

【解读二】关于"括囊"

括囊，扎紧口袋。比喻闭住嘴巴不讲话。这一概念出自《周易·坤卦》："六四：括囊，无咎无誉。《象》曰：'括囊无咎'，慎不害也。"《说苑·敬慎》记载：

> 孔子之周，观于太庙，右陛之前，有金人焉，三缄其口而铭其背曰："古之慎言人也，戒之哉！戒之哉！无多言，多言多败；无多事，多事多患。"

孔子到东周都城洛阳去求学，看到太庙（周天子祭祖的地方）右边的台阶前，有一个用金属铸造的人像，嘴巴上有三道封条，人像的背部铭刻着这样一些话："这是一位古代说话特别谨慎的人，一定要提高警惕呀！一定要提高警惕呀！不要多说话，说得多失败就多；不要太多事，多事就会多遭灾难。"这是历史上著名的《金人铭》中的一部分内容，也是"三缄其口"这一成语的出处。孔子看了以后，感慨地对弟子说："行身如此，岂以口遇祸哉！"如此谨言慎语，就不会因为语言不当而遭遇灾祸了。

古人甚至以说话的多少来判断一个人是吉是凶。相传为孔子所作的《周易·系辞下》就说：

> 吉人之辞寡，躁人之辞多。

优秀的人话少，浮躁的人话多。到了东晋，名相谢安就是根据这一原则来判断一个人的品行优劣。《世说新语·品藻》记载：

> 王黄门兄弟三人俱诣谢公，子猷、子重多说俗事，子敬寒温而已。既出，坐客问谢公："向三贤孰愈？"谢公曰："小者最胜。"客曰："何以知之？"谢公曰："吉人之辞寡，躁人之辞多。推此知之。"

王黄门指王羲之第五子王徽之（字子猷），因官至黄门侍郎，故称。子重和子敬分别指王羲之第六子王操之和第七子王献之。有一次，王子猷兄弟三人一同去拜访谢安，王子猷和王子重滔滔不绝地谈论了许多日常俗事，而王子敬则只是寒暄了几句而已。三人离开后，在座的客人问谢安："刚才那三位贤士哪位更优秀一些？"谢安说："年龄最小的子敬最优秀。"客人问道："你怎么知道的？"谢安答："《周易》上说：'优秀的人话少，浮躁的人话多。'所以我推断子敬最优秀。"谢安就是根据王子敬的话最少，而判断他最为优秀。

右第三章，言志不可以妄求①。

【注释】

①妄求：错误地选择。妄，荒谬，错误。求，需求，追求。这里引申为选择。这段文字见《百子全书》本，文渊阁《四库全书》本没有这段文字，而是把"志不可以妄求"作为张商英的注，放在本章标题之下："注曰：志不可以妄求。"

【译文】

以上为第三章，主要阐述人们不可以错误地选择自己的意愿、志向。

本德宗道章

【题解】

本德宗道，以道、德为宗旨。本德，以美好天性为根本。德，指大道赋予的美好天性。宗道，以大道为宗旨。道，所有规律的总称。本章对"道""德"的具体内容做了较为详细的介绍，并据此而提出了许多的做人原则，如博谋、忍辱、修德、好善、至诚、体物、知足等等，坚决反对欲望过多、神不守舍、反复无常、非法获利、贪婪卑鄙、孤傲自负、任人而疑、极端自私等行为。

夫志心笃行之术[①]：长莫长于博谋[②]，安莫安于忍辱[③]，先莫先于修德，乐莫乐于好善，神莫神于至诚，明莫明于体物[④]，吉莫吉于知足[⑤]。苦莫苦于多愿[⑥]，悲莫悲于精散[⑦]，病莫病于无常[⑧]，短莫短于苟得[⑨]，幽莫幽于贪鄙[⑩]，孤莫孤于自恃[⑪]，危莫危于任疑[⑫]，败莫败于多私。

【注释】

①夫志心笃行之术：必须牢记在心、坚决执行的原则。志心，牢记在心。志，记住，牢记。笃，坚定，专一。术，方法，原则。

②长莫长于博谋：最好的方法，莫过于深思多谋。长，长处，优点。
　这里指最好的办法。

③安莫安于忍辱：最安全的行为，莫过于含羞忍辱。关于忍辱的原
　则与事例，详见"解读一"。

④明莫明于体物：最明智的做法，莫过于体察万物。体，体察，弄
　清楚。

⑤吉莫吉于知足：最吉祥的心态，莫过于知足常乐。关于知足，详见
　"解读二"。

⑥多愿：欲望太多。愿，愿望，欲望。"多愿"带来的痛苦，详见"解
　读三"。

⑦精散：心神离散，神不守舍。精，精神。散，散去，离开。指精神离
　开肉体，即人们常说的"神不守舍"。

⑧病莫病于无常：最麻烦的缺点，莫过于反复无常。病，毛病，缺点。

⑨短莫短于苟得：最大的短处，莫过于通过不正当的手段去谋取名
　利。苟，不严肃的，不正当的。得，指获取名利。

⑩幽莫幽于贪鄙：最愚昧的行为，莫过于贪婪卑鄙。幽，昏暗，愚昧。

⑪孤莫孤于自恃：最容易自我孤立的言行，莫过于过分自负。自恃，
　自负，过分自信。张商英注："桀、纣自恃其才，智伯自恃其强，项
　羽自恃其勇，王莽自恃其智，元载、卢杞自恃其狡。自恃则气骄于
　外而善不入耳，不闻善则孤而无助；及其败，天下争从而亡之。"

⑫危莫危于任疑：最危险的举措，莫过于任人而疑。任人而疑的例
　子，详见"解读四"。

【译文】

必须牢记在心、坚决执行的原则是：最可靠的方法，莫过于深思多
谋；最安全的行为，莫过于含羞忍辱；最首要的事情，莫过于修养美德；最
快乐的生活，莫过于乐善好施；最神奇的效验，莫过于至真至诚；最明智
的做法，莫过于体察万物；最吉祥的原则，莫过于知足常乐。最痛苦的心

态，莫过于欲望过多；最悲哀的状况，莫过于神不守舍；最麻烦的毛病，莫过于反复无常；最大的缺点，莫过于去获取非法利益；最愚昧的观念，莫过于贪婪卑鄙；最容易自我孤立的念头，莫过于过度自负；最危险的行为，莫过于任人而疑；最失败的做法，莫过于极端自私。

【解读一】安莫安于忍辱

在中国古代，"忍"被视为一种美德，也是大度的一种表现。儒、释、道都主张"忍"，孔子说过："小不忍则乱大谋。"（《论语·卫灵公》）《庄子·让王》说："强力忍垢（努力地忍受羞辱）。"佛教更是把"忍"视为成佛的前提条件之一。《大般涅槃经》卷二十七说：

> 雪山有草，名为忍辱，牛若食者，则出醍醐（酥乳）。

牛如果以忍辱草为食，就能生出香甜可口的醍醐；人如果具有忍辱精神，自然能够干出一番事业。佛教把忍辱视为僧人最可贵的品质之一，他们甚至把僧衣叫"忍辱铠"：

> 浊劫恶世中，多有诸恐怖，恶鬼入其身，骂詈毁辱我。我等敬信佛，当著忍辱铠。（《法华经·劝持品》）

后来，人们就把袈裟叫"忍辱铠"或"忍辱衣"。如梁简文帝《谢赉纳袈裟启》说："蒙赉郁金泥细纳袈裟一缘，忍辱之铠，安施九种。"江总《摄山栖霞寺碑》说："整忍辱之衣，入安禅之室。"

在中国的历史上，能忍小辱而谋大事的典型例子应属韩信的胯下之辱，《史记·淮阴侯列传》记载：

> 淮阴屠中少年有侮信者，曰："若虽长大（你虽然身材魁梧），好带刀剑，中情怯耳（内心胆小怕事）。"众辱之曰："信能死，刺我；不能死，出我袴下。"于是信孰视之，俯出袴下，蒲伏（趴在地上）。一市人皆笑信，以为怯。……（功成名就后）信至国……召辱己之少年令出胯下者，以为楚中尉。告诸将相曰："此壮士也。方辱我时，我宁不能杀之邪？杀之无名，故忍而就于此。"

韩信的大度，不仅表现在他能够忍受胯下之辱，同时也体现在他成功之后对待这位"屠中少年"的宽容态度上，他不仅没有报复这位少年，还任命他为负责治安的中尉。

作为黄石公弟子、与韩信同为汉初"三杰"的张良同样是一位能够忍辱的人。《史记·留侯世家》记载：

> 良尝闲从容步游下邳圯上，有一老父，衣褐，至良所，直堕其履圯下，顾谓良曰："孺子，下取履！"良鄂然，欲殴之。为其老，强忍，下取履。父曰："履我！"良业为取履，因长跪履之。父以足受，笑而去。良殊大惊，随目之。父去里所，复还，曰："孺子可教矣。后五日平明，与我会此。"良因怪之，跪曰："诺。"五日平明，良往。父已先在，怒曰："与老人期，后，何也？"去，曰："后五日早会。"五日鸡鸣，良往，父又先在，复怒曰："后，何也？"去，曰："后五日复早来。"五日，良夜未半往。有顷，父亦来，喜曰："当如是。"出一编书，曰："读此则为王者师矣。后十年兴。十三年孺子见我济北，穀城山下黄石即我矣。"遂去，无他言，不复见。旦日视其书，乃《太公兵法》也。

老人看见张良过来，故意把自己的鞋子掉在桥下，然后让张良下去为自己拾鞋。当张良把鞋子拾上来以后，老人不仅没有一句感谢之言，反而又故作傲慢地伸出双脚让张良为他穿上。在其后的约会时，又三番五次地责怪张良，而这一切，张良全都忍受住了。要知道，张良是韩国宰相之后（张良的祖父和父亲都担任过韩国宰相），是一位敢于狙击秦始皇于博浪沙中的豪俊少年。但张良还是忍住了，这一忍，成就了自己一生的辉煌事业。张良和韩信，一文一武，都是靠"忍"字而成就了自己的丰功伟绩。

不仅做大事需要"忍"，在处理日常小事时也需要"忍"，《独异志》卷中记载了这么一件事：

> 唐初，张公艺九世同堂。高宗东封，过其家，问之何以致然，公艺执笔，唯书百余"忍"字，余无他言。遂旌表其门。

唐代初年，张公艺一家九世同堂。唐高宗到东边封禅泰山时，曾去看望他们，询问张公艺是如何做到九世同堂的，张公艺用笔一连书写了一百多个"忍"字，别的什么也没有说。能够把九代人团聚在一起的就是一个"忍"字，可见"忍"的魔力无穷。唐玄宗的时候，有一位大臣叫王守和的，也善于"忍"，《开元天宝遗事》卷下记载：

> 光禄卿王守和，未尝与人有争，尝于案几间大书"忍"字，至于帏幌之属，以绣画为之。明皇知其姓字，非时引对，问曰："卿名守和，已知不争，好书'忍'字，尤见用心。"奏曰："臣闻坚而必断，刚则必折，万事之中，'忍'字为上。"帝曰："善。"赐帛以旌之。

王守和把"忍"置于万事之上，看作最为可贵的品质，并且得到了皇上的认可。这种说法虽然未必完全正确，但不是全无道理。

在中国的词典中，有"唾面自干"一词。这个词最早出现于《尚书大传·大战》中："骂女毋叹，唾女毋干。"挨了别人的骂，连叹息声都不要发出一声；被别人吐了唾沫，连擦也别擦。后来，真的有人遵循了这一原则。《新唐书·娄师德列传》记载：

> （娄师德）其弟守代州，辞之官，教之耐事。弟曰："人有唾面，洁之而已。"师德曰："未也，洁之，是违其怒，正使自干耳。"

别人吐到了自己的脸上，连擦也不能去擦，因为那样做也是违背了对方的意愿，要让唾沫自己风干。这种精神与"右脸挨了打，把左脸也送上"的精神相比毫不逊色。"唾面自干"的处世原则虽然不适合处理敌我矛盾，但在处理内部矛盾时还是可以借鉴的。

不仅个人行事要忍，国家行事也要忍。当然，国家的忍也还是由个人体现出来。刘邦去世后，寡居的吕后成为汉王朝的实际统治者。这时，逐渐强大的匈奴冒顿单于竟然突发奇想，派人给吕后送来了这样一封求爱信：

> 陛下独立，孤偾（单于自称）独居。两主不乐，无以自虞（娱乐）。愿以所有，易（交换）其所无。（《汉书·匈奴传》）

冒顿异想天开，认为吕后无夫，自己无妻，便想和吕后互通有无，结为夫妇。对于这一羞辱，吕后十分恼火，当即要兴师问罪。后来在大臣们的劝告下，吕后咽下了这口气，客客气气写了一封回信："单于不忘敝邑，赐之以书，敝邑恐惧。退日自图，年老气衰，发齿堕落，行步失度，单于过听，不足以自污。"吕后说自己已是年老体弱，发脱齿落，已经不适合再嫁，总算把这件事应付过去。吕后用自己的含羞忍辱，换来了百姓的休养生息，换来了汉朝的日益强大。

可以说，具有阔大的胸怀和忍辱的精神，是处理好与他人关系的法宝，也是获取他人宽容的主要途径。在复杂的社会生活中，如果大家都具备一些这种精神，就会其乐融融，皆大欢喜。

任何一件事情，人们都会见仁见智，对"忍辱"更是如此。项羽乌江自刎是中国古代非常有名的一个历史事件。对于项羽的这一行为，人们就有截然不同的评价：

> 胜败兵家事不期，包羞忍耻是男儿。江东子弟多才俊，卷土重来未可知。(杜牧《题乌江亭》)

> 生当作人杰，死亦为鬼雄。至今思项羽，不肯过江东。(李清照《夏日绝句》)

杜牧认为项羽在垓下失败之后不该轻易自杀，要"包羞忍耻"，先退居江东，以期卷土重来；而李清照及其他许多人都认为项羽不甘屈辱的自杀行为是英雄之举。我们绝对赞同杜牧的意见。如果张良不忍屈辱而痛殴圯上老人，韩信不受胯下之辱而挺剑杀死那个屠家少年，那么历史上就不会有名震天下的张良、韩信了。

【解读二】吉莫吉于知足

"满足"是人幸福的基点，然而这个基点，我们在物质世界里是找不到的，因为如果不进行适当的心理调整，人的物质欲望永远也无法得到满足。因此，这个幸福的基点，我们只能到精神世界中去寻找。老子说：

> 祸莫大于不知足，咎莫大于欲得。故知足之足，常足矣！(《道德经》四十六章)

　　老子认为，最大的灾祸就是不知足，就是贪得无厌，懂得满足的"满足"，才是一种真正的满足。

　　《高士传》中记载了一个知足、不知足与贫富关系的故事。说是在汉代的时候，蜀地成都有一位高士，名叫严君平，他才高德厚，名声极大。严君平平时以占卜为职业，每当挣的钱够自己花销之后，就关门读书著述。家中除了一床书之外一无所有。当地有一位名叫罗冲的大富翁，对严君平很钦佩，同时也希望严君平能够通过自己的资助去取得一官半职，以便自己将来也好有个政治靠山。于是他就向严君平提出，愿意出一笔钱帮助严君平出门游仕求官。没想到严君平却说："我比你富有，怎好让钱不够用的你来资助钱用不完的我呢？"罗冲说："我家有万金，而你家没有一石粮食，却说你比我有钱，你说错了吧？"严君平说："你说的不对。我前些日子曾经留宿在你家里，到了夜深人静的时候，整个成都市的人都已经休息了，而你们全家人还在忙忙碌碌地想方设法赚钱，这不说明你家特别缺钱吗？我以占卜为业，不出门而钱自至，现在还剩余了数百钱，上面落满了一寸厚的尘埃，我都不知该如何花出去。这不是说明我有余钱而你的金钱不足吗？"罗冲听后十分惭愧。这个故事说明，是贫是富，既有客观标准，也有主观标准。大富翁可能会整天受着"贫穷"的煎熬，而穷人可能会过着自感富有的生活。这就是知足与不知足的差异。

　　知足是一种心态，要想养成这种心态，实非易事。因此嵇康认为，对一个人来说，知足是最为难得的：

　　　　故世之难得者，非财也，非荣也，患意之不足耳！意足者，虽耦耕畎亩，被褐啜菽，岂不自得？不足者，虽养以天下，委以万物，犹未惬。然则足者不须外，不足者无外之不须也。无不须，故无往而不乏；无所须，故无适而不足。（《难自然好学论》）

　　嵇康认为，人世间最难得的不是财富和荣誉，而是一种知足的心态。知足的人，即使耕地种田，穿粗衣，吃粗粮，依然悠然自得。那些不知足的人，即使整个天下都奉养他一人，万物都归他一人所有，他依然不会感到满足。那么这就说明知足的人不去贪求外界事物，不知足的人则一味贪求外界事物。一味贪求外界事物的人，他将时时刻刻都感到不足；不去贪求外界事物的人，他时时刻刻都会感到满足。

一般说来，人的欲望不仅是与生俱来的，而且是无止境的，"欲壑难填"这个词可能适用于每一个人。《说郛》中的《商芸小说》记载了这样一个小故事："有客相从（几个人聚会），各言所志：或愿为扬州刺史，或愿多资财，或愿骑鹤上升（骑仙鹤升天成仙）。其一人曰：'腰缠十万贯，骑鹤上扬州。'欲兼三者。"明代的朱载堉有一首小曲，题目叫《山坡羊·十不足》，小曲说：

逐日奔忙只为饥，才得有食又思衣。置下绫罗身上穿，抬头又嫌房屋低。盖下高楼并大厦，床前缺少美貌妻。娇妻美妾都娶下，又虑出门没马骑。将钱买下高头马，马前马后少跟随。家人招下十数个，有钱没势被人欺。一铨铨到知县位，又说官小势位卑。一攀攀到阁老位，每日思想要登基。一日南面坐天下，又想神仙下象棋。洞宾与他把棋下，又问哪是上天梯？上天梯子未做下，阎王发牌鬼来催。若非此人大限到，上到天上还嫌低。

这首通俗易懂的小曲生动准确地揭示出一般人的共同心理状态，具有极大的警世作用。如果我们不对这种心态进行适当的调整，那么无论我们的物质生活状况如何优越，我们也都将在欲望的煎熬中度过一生。

关于知足，明代僧人袾宏为我们留下了一首《座右诗》：

草食胜空腹，茅堂过露居。人生解知足，烦恼一时除。蚕出桑抽叶，蜂饥树给花。有人斯有禄，贫者不须嗟。忖得还成失，拟东仍复西。未来杳无定，何必预劳思？

有蔬菜吃，胜过饿肚子；有茅屋住，胜过露天居住。一个人一旦懂得知足，一切烦恼就会马上消除。当蚕出生后，桑叶也就长了出来；当蜜蜂感到饥饿时，鲜花也就开放了；每个人都会有一碗饭吃，因此贫穷人也不必忧伤。想获取可能反而会失去，本来要向东去，阴差阳错地却到了西边。未来的事情无法确定，何必事先就苦苦发愁呢？明代人陈继儒《岩栖幽事》中有一首关于知足的更通俗的诗歌：

　　莫言婚嫁早，婚嫁后，事不少；莫言僧道好，僧道后，心不了。唯有知足人，鼾鼾直到晓；惟有偷闲人，憨憨直到老。

可以说，古人几乎都认为知足是幸福快乐的前提，对于一个贪得无厌的人来说，他永远都会处于一种到处奔走经营的生活之中，根本没有闲暇去享受生活。有人会问：既然知足是一种美德，那么整个社会的人都应该去追求"知足"的境界，而一旦大家都知足了，社会不就停止不前了吗？我们认为，这种担心是多余的。贪而不知足是造物主赋予人的天性，想依靠人的说教去改变这一天性，是绝对不可能的。在人的欲火烧得过于炽烈时，我们的知足说教只不过犹如一盆两盆泼向烈火的凉水而已，只要能够使火势稍有收敛、以免自焚和焚人就已经是万幸了。

除此之外，古人在阐述知足思想的同时，还特别强调，要正确处理知足与不知足的内容，或者说，要学会正确地比较。

在生活上，古人要求人们可以向下比，多和不如自己的人相比，这样会使自己少却许多烦恼。清人钱泳在《履园丛话》卷七《臆论》中讲了一个"回头看"的故事：

　　余见市中卖画者，有一幅，前一人跨马，后一人骑驴，最后一人推车而行，上有题云："别人骑马我骑驴，后边还有推车汉。"此醒世语，所谓将有余比不足也。有题张果老像曰："举世千万人，谁比这老汉？不是倒骑驴，凡事回头看。"此亦妙语。

在物质生活方面，骑驴的人不要与骑马的人相比，多看看那些推车的人。苏东坡有一首《薄薄酒》写得很好，前有一序："胶西先生赵明叔，家贫好饮，不择酒而醉。常云薄薄酒，胜茶汤；丑丑妇，胜空房。其言虽俚而近乎达，故推而广之，以补东州之乐府。"诗说：

　　薄薄酒，胜茶汤；粗粗布，胜无裳；丑妻恶妾胜空房。五更待漏

靴满霜，不如三伏日高睡足北窗凉。珠襦玉匣万人祖送归北邙，不
如悬鹑百结独坐负朝阳。生前富贵，死后文章。百年瞬息万世忙，
夷齐盗跖俱亡羊。不如眼前一醉，是非忧乐都两忘。

薄酒胜过喝茶汤，粗衣胜过无衣裳，丑妻胜过守空房。五更即起、霜
满朝靴、等待进朝的官员，不如在凉爽的窗下睡足睡够的普通百姓；死后
穿上缀满珠玉的衣服、躺在玉棺中被万人簇拥着送往墓地，不如穿得破
破烂烂地活着在那里晒太阳。用这种心态去看问题，自然能省却许多
烦恼。

清代的石成金对此讲得更为详细，他在《快乐心法》中说："人生在
世，不论何种境界，惟以存心快乐为第一事。但此快乐非谓遂诸愿欲而
然，须自假设了境，'靠天翁'之法已悉矣，不必再措一词。惟予自立心
法，只一句七字，曰：'安宁饱暖即天仙。'要知此一日也，地狱众生挫烧
舂磨刀山油锅者，不知经几多惨苦。饿鬼众生饮铜食铁者，不知经几多
惨苦。飞卵湿化诸畜生，衔铁负鞍、生烹活剥、刀割斧剁者，又不知经几
多惨苦？而我总无从知晓也。纵得为人，当想世人，每多疾病呼嚎、辗
转床榻、医药不效、痛楚难堪、望救去门者，又有痛疽疔毒、痛攒心髓、脓
血淋漓、求死不得者，不知其几万千？我今幸得身体强健，无病无痛，是
'安'之一字，岂非享天仙之乐耶？至于苦难之事，更甚殷繁。要知世上
人，每多自罹于名缰利锁、离家别业、红尘白浪、餐风宿露、奔波劳苦而
不息者，有贫穷卑贱无奈者，有含冤负屈、控诉无门而莫伸者，有刑罚枷
责、囚锁牢狱者，有盗贼劫杀、水溺火焚、蛇螯虎咬、死之无救者，种种惨
苦，可怜可悲者，万万千千，笔难尽述。我今幸得平安自在，是'宁'之一
字，真有天仙之乐也。再看世之无衣无褐、寒侵肌肤、食不充口、饥饿难
忍者，又不知其众多无数。我今幸得布衣蔬食，免许多饥寒苦楚，是'饱
暖'二字，不亦有天仙之乐乎？"这段话的文字很好懂，但未必每个人都
能理解和接受。只有那些曾经亲身经历过苦难的人，对此才会有深刻的
感受。

在学业上，我们则应该向上比，时常想想历史上的孔子、孟子，想着现代的那些大师们，以他们为榜样，向他们看齐。"高山仰止，景行行止"，虽不能至，然心向往之。这样我们就会少几份傲气，多几份动力。一个在物质上知足、在学业上不知足的人是幸福的，同时也是前途无量的。关于这一点，古人早已谈到。清朝人刘因之在《澜言琐记》中说：

> 处学问，取上等人自励，则终身无有余之日；处境遇，取下等人自况，则随地无不足之时。

刘因之说，在学问上，要与最有学问的人相比，那么我们一生都不会有闲暇的日子；在物质待遇方面，与最贫困的人相比，我们就会无时无刻不感到满足。清代的另一位学者王永彬在他的《围炉夜话》中也反复告诫我们：

> 知足之心，可用之以处境（对待物质生活），不可用之以读书。

实际上，在物质上知足会使一个人能够专心地从事学习，而无止境地学习反过来又会给他已经满足了的物质生活锦上添花。

【解读三】苦莫苦于多愿

人们最常见的"愿"，一是爱情，二是名利。对爱情与名利的欲求给人们带来的"苦"，估计人人皆有体会。

爱情可以说是人生最美好的事物，正因为最为美好，所以带给人们的痛苦也最大。我们举三个例子，以说明不同阶段的爱情所带来的苦恼。

少年的爱情，朦朦胧胧，但同样给人带来诸多烦恼。元人徐再思的《双调蟾宫曲·春情》就描写了这方面的感受：

> 平生不会相思，才会相思，便害相思。身似浮云，心如飞絮，气若游丝。……症候来时，正是何时？灯半昏时，月半明时。

年龄幼小时不懂得什么叫相思，可刚刚懂得，就被相思"病魔"缠身。少年的爱情真诚执着，是人性中最纯洁的部分。因此，初恋给他们带来的感受更是刻骨铭心，相思给他们带来的痛苦也就更加深沉。

夫妇之间的相思，比起少年的相思，要真切具体得多。正是由于其真切具体，带给人的痛苦也就更复杂、更酸楚。李清照在《醉花阴·重阳》中写道：

> 薄雾浓云愁永昼，瑞脑消金兽。佳节又重阳，玉枕纱厨，半夜凉初透。　　东篱把酒黄昏后，有暗香盈袖。莫道不消魂，帘卷西风，人比黄花瘦。

这首词作于其丈夫赵明诚在外做官时期。词的末三句把自己比作消瘦的菊花，既说明了对丈夫的思念之深，又烘托出自己品格的高洁和清雅。据《瑯环记》说，赵明诚收到夫人寄来的这首词之后，非常佩服，自愧不如，可又不甘心，一心想写出比这更好的词作。于是他就谢绝一切客人，废寝忘食地连续写了三天三夜，总算写出了五十首。然后他把妻子的这首词同自己的五十首掺杂在一起，送给友人陆德夫。陆德夫把玩良久，认为"只三句绝佳"，明诚询问，陆回答说："就是'莫道不消魂，帘卷西风，人比黄花瘦'这三句。"李清照虽然思夫心切，毕竟是大家闺秀，感情的表达不仅雅致，而且相对含蓄。还有一些民歌，就写得直白感人：

> 啼著曙，泪落枕将浮，身沉被流去。（《华山畿》）

> 残漏已催明月尽，五更如度五重关。（袁枚《随园诗话》卷三）

第一首民歌，是说女孩子为思念丈夫，一直哭到天亮，泪水多得可以将枕头浮起来，身子也将被泪水冲走。第二首诗歌是说金陵女徐氏，嫁桐城张某，因为丈夫长期在外不归，徐氏写下这首诗歌，思妇在长夜中所受的煎熬和痛苦，"五更如度五重关"一句道尽。

夫妻情深，本是好事，然而这种"情深"为丧偶后的一方带来的痛苦，大概远远超过生前的相思。我们看苏东坡的《江城子·乙卯正月二十日夜记梦》：

> 十年生死两茫茫，不思量，自难忘。千里孤坟，无处话凄凉。纵使相逢应不识，尘满面，鬓如霜。　　夜来幽梦忽还乡，小轩窗，正梳妆。相顾无言，惟有泪千行。料得年年肠断处，明月夜，短松岗。

这是苏东坡为悼念十六岁嫁给自己、二十七岁去世的妻子王弗而写，词朴意切，深刻地表达了夫妻生死两隔的相思、痛苦之情。

人们对名利的渴求程度，一点也不亚于对爱情的渴求。既然如此，那么得不到名利为人们带来的痛苦同样是巨大的。

> 大司马温恃其材略位望，阴蓄不臣之志，尝抚枕叹曰："男子不能流芳百世，亦当遗臭万年！"（《资治通鉴》卷一百三）

晋代的桓温已经位极人臣，但他日夜盼望着能够登上天子之位，以至于宁可遗臭万年。得不到天子之位为他带来的痛苦可想而知。

桓温毕竟还得到了一个遗臭万年的实名，有些人既不能流芳百世，连遗臭万年的资格也没有，那就争取捞一个能够自我陶醉的"假名"。《古今谈概》第三《痴艳部》就记载了这样一件事：

> 山人某姓者，自负其才，傍无一人。途中闻乞儿化钱，声甚凄惋，问曰："如此哀求，能得几何？若叫一声太史公爷爷，当以百钱赏汝。"乞儿连唤三声，某倾囊中钱与之，一笑而去。乞儿问人："太史公是何物，值钱乃尔？"

当不上太史公爷爷，能听到别人虚叫一声也是很舒心的事情。

《增广贤文》引俗语说："人为财死，鸟为食亡。"把财利与生命的重要性相提并论，那么失去财利所带来的痛苦，应该是至深至极的。虽然并非每个人都是如此，但历史上的确存在以生命博财利的事情：

> 元祐末，宇文昌龄聘契丹，皇城使张璪价焉。张颇龄，枢府难其行，璪哀请。故事，死于虏庭，恩数甚渥，北虏棺银装校三百两。既行，璪饮冷食生无忌，昌龄戒之不听。既至虏境，益甚，昌龄颇患之，禁从者无供。璪怒骂，果病噤，不纳药粥，至十许日。既而三病三愈，复命登对。上面哂之，退语近臣者："张璪生还，奈何诣政事堂？"诸公大笑。（《宋人轶事汇编》卷十一）

张璪是宋朝大臣，家里应不会太缺钱，然而他竟然愿意拿自己的老命去换取一点抚恤金，金钱在他心目中的位置之高也就可想而知了。然而出乎意料的是,这位一心寻死想换取金钱的张瑑虽然一路上生冷不忌、拒绝药粥,受尽自我折磨,竟然"三病三愈",不得不又活着回来了。张瑑这次出使的唯一收获是:为皇上、同僚平添了一份笑料。没能用自己的生命换取这笔优厚的抚恤金,应是张瑑后半生的一大遗憾。

本章说的"苦莫苦于多愿",的确一针见血,人们的一切苦恼,都是来自欲求得不到满足。正因为如此,佛教便主张要舍弃一切,不仅要舍弃世俗的一切,就连佛祖和佛法也应舍弃:"法尚应舍,何况非法?"(《金刚经》第六品)为什么要舍弃佛和佛法呢?临济义玄禅师有一个很好的回答:

> 三乘十二分教,皆是拭不净故纸;佛是幻化身,祖是老比丘。……你若求佛,即被佛魔摄;你若求祖,即被祖魔缚。你若有求,皆苦,不如无事。有一般秃比丘,向学人道:"佛是究竟,于三大阿僧祇劫,修行果满,方始成道。"道流,你若道佛是究竟,缘什么八十年后,向拘尸罗城双林树间侧卧而死去?佛今何在?明知与我生死不别。(《古尊宿语录》卷四)

义玄禅师把佛与魔等同起来,意思是说,一旦你求佛,"求"本身就是欲望的表现,而欲望带给人们的主要是痛苦。义玄禅师讲的"你若有求,皆苦,不如无事",真是警世之言!然而要想做到无欲无求,又谈何容易!

【解读四】危莫危于任疑

本书认为,作为一位君主,最危险的行为之一,莫过于任人而疑。这一观念即人们常说的"疑人不用,用人不疑"。人人都知道"掣肘"一词,这一词语的出现,就与任人而疑有关。《吕氏春秋·具备》记载:

> 宓子贱治亶父,恐鲁君之听谗人,而令己不得行其术也。将辞而行,请近吏二人于鲁君,与之俱至于亶父。邑吏皆朝,宓子贱令吏二人书。吏方将书,宓子贱从旁时掣摇其肘;吏书之不善,则宓子贱为之怒。吏甚患之,辞而请归。宓子贱曰:"子之书甚不善,子勉归

矣。"二吏归报于君……鲁君太息而叹曰:"宓子以此谏寡人之不肖也。寡人之乱子,而令宓子不得行其术,必数有之矣。微二人,寡人几过。"遂发所爱,而令之亶父,告宓子曰:"自今以来,亶父非寡人之有也,子之有也。有便于亶父者,子决为之矣。"

鲁君委派孔子的弟子宓子贱去治理亶父(又作单父,在今山东单县),宓子贱担心鲁君听信他人谗言,从而干涉、打乱自己治理亶父的计划,于是在向鲁君辞行的时候,请求鲁君派两位亲信官员随自己一起去亶父。到了亶父以后,亶父的官员都来参见,宓子贱就让那两位同来的官员书写文书。两位官员刚一提笔,宓子贱就从旁边不停地摇动他们的胳膊。这两位官员无法把字写好,宓子贱就为此大发雷霆。两位官员十分为难,便请求辞官回去。宓子贱说:"你们连字都写不好,那就赶快回去吧!"两位官员回去后就把此事汇报给鲁君,鲁君听了长叹一声,感慨地说:"宓子贱是用这个方法来劝谏我呀!我扰乱宓子贱的治理,使他不能按照自己的计划行事,这样的事情一定有过好多次了。如果没有你们两位,我几乎又要犯错误了!"于是就派自己最信任的人到亶父对宓子贱说:"从今以后,亶父不再属我所有,而是归你所有了。凡是有利于亶父的事情,你决定了就办吧!"这就是"掣肘"一词的由来。

长平(今山西高平北)之战是战国时期的著名战役,它是赵国由盛而衰的转折点,而长平之战的失败,就是因为赵王任人而疑,临阵换将:

> 廉颇坚壁以待秦,秦数挑战,赵兵不出。赵王数以为让。而秦相应侯又使人行千金于赵为反间,曰:"秦之所恶,独畏马服子赵括将耳。廉颇易与,且降矣。"赵王……闻秦反间之言,因使赵括代廉颇将以击秦。(《史记·白起列传》)

赵孝成王在位时,秦军和赵军在长平对峙,廉颇率领赵军坚守营垒不再出战,秦军屡次挑战,赵军皆置之不理。如此僵持下去,对于远途征战的秦军非常不利,于是秦国的相国应侯范雎就派间谍带着重金到赵国实施反间计,他们到处散布谣言:"秦军最忌讳、最害怕的事情,就是让马服君赵奢的儿子赵括做赵军的主帅。廉颇很容易对付,而且廉颇马上就要投降了。"赵王竟然听信了这些反间谣言,就让只会纸上谈兵的赵括当将军,去替代廉颇。其结果我们都知道,赵括在长平大败,全军覆没,损失了四十余万军队。

"自毁长城"也是人们常用的一个词语,这一词语同样出自任人而疑的一个故事。《南史·檀道济列传》记载:

> 道济立功前朝,威名甚重,左右腹心并经百战,诸子又有才气,朝廷疑畏之。时人或目之曰:"安知非司马仲达也。"……道济见收,愤怒气盛,目光如炬,俄尔间引饮一斛,乃脱帻投地,曰:"乃坏汝万里长城。"魏人闻之,皆曰:"道济已死,吴子辈不足复惮。"自是频岁南伐,有饮马长江之志。……魏军至瓜步,文帝登石头城望,甚有忧色,叹曰:"若道济在,岂至此!"

檀道济是南朝刘宋的大功臣,为抗拒北朝立下许多战功。然而功高震主,朝廷开始猜忌他,把他视为怀揣野心的司马懿,于是在没有任何罪证的情况下,杀害了檀道济。檀道济临死之前,愤怒地喊道:"你们毁掉了自己的万里长城啊!"檀道济被杀后,敌国北魏人弹冠相庆,决定入侵刘宋。当魏军进攻至瓜步(今江苏六合东南,位于长江北岸)、逼近刘宋都城健康(今南京)时,杀害檀道济的宋文帝站在石头城(今南京西石头山)上远望,满面忧色地感叹说:"如果檀道济还活着,怎会落到如此地步!"

右第四章,言本宗不可以离道德①。

【注释】

①言本宗不可以离道德:讨论的是我们思想行为的主旨不能脱离道德。道,各种客观规律。德,大道赋予人的美好天性。这段文字见《百子全书》本,文渊阁《四库全书》本没有这段文字,而是把

"本宗不可以离道德"作为张商英的注，放在本章标题之下："注曰：本宗不可以离道德。"

【译文】

以上为第四章，讨论的是我们思想行为的主旨不能脱离道德。

遵义章

【题解】

遵义，遵守正义的原则。所谓的正义原则，就是要求人们特别是领导者不要以明示下、有过不知、迷而不返、以言取怨、好直辱人、略己责人、自厚薄人等等，特别提醒领导者"决策于不仁者险，阴计外泄者败，厚敛薄施者凋"。本章主要由告诫式的格言组成，显得别具一格。

以明示下者暗①，有过不知者蔽②，迷而不返者惑，以言取怨者祸③，令与心乖者废④，后令缪前者毁⑤，怒而无威者犯⑥，好直辱人者殃⑦，戮辱所任者危⑧，慢其所敬者凶⑨，貌合心离者孤，亲谗远忠者亡⑩，近色远贤者惛⑪，女谒公行者乱⑫，私人以官者浮⑬，凌下取胜者侵⑭，名不胜实者耗⑮。

【注释】

①以明示下者暗：喜欢在属下面前炫耀自己的高明，一定会遭到别人的蒙蔽与愚弄。暗，遮蔽，蒙蔽。事例详见"解读一"。

②有过不知者蔽：犯了过错而不能自知，一定会受到蒙蔽。事例详见"解读二"。

③以言取怨者祸：因语言不当而招来怨恨的人会遇到灾祸。事例详见"解读三"。

④令与心乖者废：颁布的政令与自己内心想法相违背，政令一定难以推行。乖，相互违背。废，废弃。这里指政令推行不了。

⑤后令缪（miù）前者毁：政令前后不一，一定会失败。谬，错乱，不一致。前者，指前面的政令。毁，毁灭，失败。

⑥怒而无威者犯：发怒却没有威慑力，一定会受到侵犯。

⑦好直辱人者殃：喜欢正直品德而轻易羞辱别人，一定会有灾难。《论语·阳货》："子曰：'……好直不好学，其蔽也绞。'"孔子说："爱好正直品德而不爱好学习，其弊端就是变得偏激而说话尖刻。"偏激、尖刻的性格自然会为自己带来灾祸。在文渊阁《四库全书》本中，"好直辱人者殃"作"好众辱人者殃"，喜欢当众羞辱别人的人，一定会有灾难。张商英的对本句的注释是："己欲沽直名，而置人于有过之地，取殃之道也。"依据张商英的注，本句应以《百子全书》本为是。

⑧戮（lù）辱所任者危：羞辱、惩罚自己所任用的人，就会有危险。戮，杀戮、惩罚、羞辱，都叫"戮"。这里主要指后二义。事例详见"解读四"。

⑨慢其所敬者凶：怠慢他所应该尊重的人，一定会招致凶险。事例详见"解读五"。

⑩亲谗：亲近喜欢讲别人坏话的小人。谗，说别人的坏话，这里指说别人坏话的人。

⑪近色远贤者惛（hūn）：亲近女色，疏远贤人，一定会变得昏聩。惛，糊涂。《史记·孔子世家》："（孔子）居卫月余，灵公与夫人同车，宦者雍渠参乘。出，使孔子为次乘，招摇市过之。孔子曰：'吾未见好德如好色者也。'于是丑之，去卫。"孔子在卫国时，有一次，卫灵公与夫人南子、宦官雍渠同坐在第一辆车上，而让孔子坐

在第二辆车上,然后招摇过市。孔子对此非常不满,于是就说:"我还没有见过爱好美德超过爱好美色的人。"孔子对卫灵公"近色远贤"的行为感到羞耻,于是就毅然离开卫国,使卫国遭受一次巨大损失。

⑫女谒(yè):通过宫中受君主宠幸的女子去请托事情。女,这里专指受君主宠幸的女子。谒,请求,托情办事。

⑬私人以官者浮:私自把官职授予他人的人就显得肤浅而不扎实。张商英注:"浅浮者,不足以胜名器,如牛仙客为宰相之类是也。"

⑭凌下取胜者侵:欺凌下属而获胜的人,自己也会受到别人的侵犯。凌,欺凌。

⑮名不胜实者耗:名声超过自己的实际德才,就会遭受损失。耗,损耗,损失。

【译文】

喜欢在属下面前炫耀自己高明的人,一定会遭到欺骗与愚弄;犯了过错而不能自知的人,一定会受到蒙蔽;误入迷途而不知返回正道的人,一定是神志糊涂;因语言不当而招来怨恨的人,一定会遇到灾祸;发布的政令与自己内心想法相违背的人,政令一定难以推行;颁布的政令前后不一的人,一定会失败;发怒却没有威慑力的人,一定会受到侵犯;喜欢正直品德而轻易羞辱别人的人,一定会有灾难;羞辱、惩罚自己所任用的人,就会有危险;怠慢自己应该尊重的人,一定会招致凶险;与大家貌合神离的人,一定会陷入孤立;亲近那些喜欢讲别人坏话的小人,疏远贤良之人,一定会灭亡;亲近女色,远离贤人,一定会变得昏聩;人们公然通过宫中受宠的女子去请托事情,一定会导致国家动乱;私自授人以官职的人,一定是轻浮之人而不可靠;欺凌下属而获胜的人,自己也会受到别人的侵犯;名声超过自己的实际德才,就会遭受损失。

【解读一】以明示下者暗

本章说的"以明示下者暗",意思是说喜欢在属下面前炫耀自己的聪明才智，一定会遭到别人的蒙蔽与愚弄。齐宣王好射就是其中一例。《吕氏春秋·壅塞》记载：

> 齐宣王好射，说人之谓己能用强弓也，其尝所用不过三石。以示左右，左右皆试引之，中关而止。皆曰："此不下九石，非王其孰能用是？"宣王之情，所用不过三石，而终身自以为九石，岂不悲哉！

齐宣王爱好射箭，还特别喜欢别人夸奖他能够拉开强弓，实际上他使用的弓只用三石（一百二十斤为一石，先秦的"斤"较今天的轻）的力气就能够拉开了。宣王就把自己的这张弓交给身边的大臣传看、炫耀，身边的大臣都试着拉一下这张弓，但都只把弓拉到一半，就装作拉不动了。大臣们都恭维宣王说："这张弓没有九石的力气是拉不开的，除了大王以外，谁还能够使用这张弓呢？"齐宣王的真实情况是所使用的弓不过只用三石力气就可以拉开，而他却一辈子都认为自己能拉九石的弓。这难道不是一种悲哀吗！

齐宣王喜欢在属下面前炫耀自己的力气，结果被属下愚弄了一辈子。当然，这种被愚弄的责任主要应由齐宣王自己承担。

【解读二】有过不知者蔽

本章说"有过不知者蔽"，意思是自己犯了过错而不能自知，一定会受到别人的蒙蔽。战国时期齐湣王就是一例。齐湣王是齐宣王之子，他在位早期，齐国比较强盛，于是他四处出击，先后进攻秦、楚等国，灭掉宋国，曾称"东帝"。因其自矜骄暴，处处树敌，诸侯忍无可忍，于是燕国联合各国伐齐，攻入齐国都城临淄，齐湣王出逃，后来被号称前来救援的楚将淖齿所杀。我们看他逃亡时的表现：

> 齐湣王亡居于卫，昼日步足（一本作"走"，逃跑），谓公玉丹曰："我已亡矣，而不知其故。吾所以亡者，果何故哉？我当已。"公玉丹答曰："臣以王为已知之矣，王故尚未之知邪？王之所以亡也者，以贤也。天下之王皆不肖，而恶王之贤也，因相与合兵而攻王，此王之所以亡也。"湣王慨焉太息曰："贤固若是其苦邪？"（《吕氏春

秋·审己》）

　　齐湣王亡居卫，谓公王丹曰："我何如主也？"王丹对曰："王，贤主也。臣闻古人有辞天下而无恨色者，臣闻其声，于王而见其实。王名称东帝，实辨（治理）天下。去国居卫，容貌充满，颜色发扬，无重国之意。"王曰："甚善！丹知寡人。寡人自去国居卫也，带益三副矣。"（《吕氏春秋·过理》）

文中的"公玉丹"与"公王丹"是同一人，古代"玉"与"王"相通。齐湣王已经亡国，却不知道自己亡国的原因，在佞臣公玉丹的蛊惑下，还误以为是因为自己才华出众、贤良无比，故而引起其他各国君主的嫉妒，才遭此厄运。正是因为齐湣王自以为贤良，对亡国之事"问心无愧"，所以逃亡期间，心宽体胖，体重不断增加，不得不连续三次加长腰带。齐湣王可以说至死也没能认识到自己的错误，结果被属下哄骗得飘飘然。

　　另一位至死也没能认识自己错误的帝王是项羽。项羽可以说是一位真正的战神，结果却失败了，这是他百思不得其解的一个难题。《史记·项羽本纪》记载了项羽在垓下冲出包围后、乌江自杀前的一个细节：

　　项王自度不得脱。谓其骑曰："吾起兵至今八岁矣，身七十余战，所当者破，所击者服，未尝败北，遂霸有天下。然今卒困于此，此天之亡我，非战之罪也。今日固决死，愿为诸君快战，必三胜之，为诸君溃围，斩将，刈旗，令诸君知天亡我，非战之罪也。"……骑皆伏曰："如大王言。"

项羽认为统治天下仅靠武力就行，所以就把武力第一的自己之失败归咎于上天，他的部下对这一看法也十分认同。可以说项羽与他的部下在懵懵懂懂之中相互蒙蔽，至死不悟。关于项羽失败的原因，司马迁看得十分清楚："羽背关怀楚，放逐义帝而自立，怨王侯叛己，难矣。自矜功伐，奋其私智而不师古，谓霸王之业，欲以力征经营天下，五年卒亡其国，身死东城，尚不觉寤而不自责，过矣。乃引'天亡我，非用兵之罪也'，岂不谬哉！"（《史记·项羽本纪》）司马迁的意思是："项羽放弃有利的关中之地，因怀念楚国而建都彭城，放逐自己的君主义帝，自立为霸王，而又抱怨别的诸侯背叛自己，如此想成大事，可就困难重重了。他自恃能征善战，竭力施展个人聪明，却不懂得效法古人，认为霸王的功业，仅仅依靠武力征伐就能建立，结果五年之间，最终丢了自己的国家，死于东城，至此仍不觉悟，也不自责，实在是大错特错了。而他竟然拿'上天要灭亡我，不是我用兵的过错'这句话来自我辩解，难道不是太荒谬了吗？"

【解读三】以言取怨者祸

本章提醒人们"以言取怨者祸"，千万不要因语言不当而招来别人的怨恨。关于这一点，后人也是反复告诫：

> 人生丧家亡身，言语占了八分。（吕得胜《小儿语·杂言》）

> 言语最要谨慎，交游最要慎择。多说一句不如少说一句。……云："人生丧家亡身，言语占了八分。"皆格言也。（高攀龙《家训》）

古人认为，人们丧家亡身，大多是因为言语不当造成的。

在讲话时，我们首先要记住不得讲假话去欺骗别人，尤其是对待君主。孔子曾经与他的弟子子路有一段对话：

> 子路问事君，子曰："勿欺也，而犯之。"（《论语·宪问》）

子路向孔子请教如何侍奉君主，孔子回答说："不要欺骗君主，而要敢于批评君主。"批评君主与欺骗君主是两种性质完全不同的行为。批评，虽然有时让君主难以接受，但批评者的主观用心是为君主着想，当明君冷静下来之后，他会感激批评者；而欺骗则是对君主的愚弄，欺骗者的目的是为了谋取个人的私利，这是任何一位君主都难以原谅的事情。

假话固然不可说，真话也未必可以全说。我们非常赞成这样的观念：假话全不说，真话不全说。因为有许多真话也是非常伤人的。孟尝君是战国时期齐国的宰相，在当时名声极大，《史记·孟尝君列传》记载了他路过赵国时发生的一件因为真话而引起的灾难：

> 赵人闻孟尝君贤，出观之，皆笑曰："始以薛公（孟尝君被封在薛，故又称薛公）为魁然也，今视之，乃眇小丈夫耳。"孟尝君闻之，

怒。客与俱者下，斫击杀数百人，遂灭一县以去。

孟尝君为天下名人，所以当他路过赵国时，赵国百姓争相观看，结果大失所望，议论说："我们原以为孟尝君是一位魁梧伟岸的大丈夫，如今见到本人，没想到竟然是个矮小的男人。"观看者的这番议论也可能是脱口而出，而且讲的全是真话，然而这些真话却大大伤害了自尊心极强的孟尝君，导致数百人被孟尝君的门客所杀。这一真话，既伤人也伤己。

【解读四】戮辱所任者危

本章指出"戮辱所任者危"，羞辱、惩罚自己所任用的人，就会遇到危险。历史上这样的情况并不少见。《史记·齐太公世家》记载：

> 初，懿公为公子时，与丙戎之父猎，争获不胜，及即位，断丙戎父足，而使丙戎仆。庸职之妻好，公内之宫，使庸职骖乘。五月，懿公游于申池，二人浴，戏，职曰："断足子！"戎曰："夺妻者！"二人俱病此言，乃怨。谋与公游竹中，二人弑懿公车上，弃竹中而亡去。

齐懿公是齐桓公的儿子，在他即位之前，曾经与大夫丙戎的父亲一起打猎，两人互相争夺猎物，而懿公未能争到手，即位以后，齐懿公为了泄私愤，就砍断了丙戎父亲的脚，却让丙戎为自己驾车。大夫庸职的妻子非常漂亮，懿公就把她抢入宫中，却让庸职当自己的陪乘人员。齐懿公即位的第四年，即前609年的五月，齐懿公让丙戎为自己驾车，庸职做自己的陪乘，一起到申池（今山东淄博）游玩。丙戎和庸职在一起游泳洗澡时，相互开起了玩笑。庸职嘲讽丙戎说："你是脚被砍掉者的儿子。"丙戎反唇相讥："你是被人夺走妻子的丈夫。"两人都为对方的话感到耻辱，于是就把怨恨集中到了懿公身上。通过一番谋划，趁着与懿公一起到竹林里游玩的机会，在车上把懿公杀死，把懿公的尸体抛弃在竹林里，然后两人溜之大吉了。

【解读五】慢其所敬者凶

《孝经·广要道章》说："礼者，敬而已矣。故敬其父，则子悦；敬其兄，则弟悦；敬其君，则臣悦；敬一人，而千万人悦。所敬者寡，而悦者众。

此之谓要道矣。"《孝经》强调要尊敬自己应该尊敬的人,并把它视为最重要的原则之一。反过来,如果怠慢自己应该尊敬的人,那就会遇到危险。

南朝梁元帝萧绎的妃子叫徐昭佩,东海郯(今山东郯城)人。史书记载,梁元帝"性不好声色"(《南史·梁本纪下》),而徐昭佩长相平平,性格顽劣,因此夫妇感情不太和谐。梁元帝因为疾病,从小就瞎了一只眼,于是徐昭佩就借此羞辱丈夫,《南史·后妃列传下》记载:

> 妃以帝眇一目,每知帝将至,必为半面妆以俟,帝见则大怒而出。……与荆州后堂瑶光寺智远道人私通。……帝左右暨季江有姿容,又与淫通。季江每叹曰:"柏直狗虽老犹能猎,萧漂阳马虽老犹骏,徐娘虽老犹尚多情。"时有贺徽者,美色,妃要之于普贤尼寺,书白角枕为诗相赠答。……太清三年,遂逼令自杀。妃知不免,乃透井死。帝以尸还徐氏,谓之出妻。

每当元帝到徐昭佩那里去的时候,徐昭佩便只化半脸妆,以讥讽元帝只有一只眼,只能欣赏半边脸。除此,徐昭佩还与多人私通,以此来羞辱元帝。最后,元帝忍无可忍,逼徐昭佩投井自杀,然后把徐昭佩的尸体送还给徐家,称之为"出妻"。这一史实为我们留下了"半面妆""徐娘半老"等词汇。元帝作为徐昭佩的丈夫、君主,无论从哪一角度看,都应该受到徐昭佩的尊重,然而徐昭佩却反其道而行之,不仅为自己招来杀身之祸,而且也使整个家族蒙羞。

不仅要尊敬君主,也要尊敬自己的长官,唐末著名诗人罗隐就是因为不尊敬长官,使自己失去了一次建功立业的好机会:

> 黄寇事平,朝贤议欲召之。韦贻范沮之曰:"某曾与之同舟而载,虽未相识,舟人告云:'此有朝官。'罗曰:'是何朝官!我脚夹笔,亦可以敌得数辈。'必若登科通籍,吾徒为秕糠也。"由是不果召。(《北梦琐言》卷六)

罗隐是一位政治理想极为远大的士人,然而却屡屡不得志。黄巢军被平息后,朝廷原打算召罗隐进京为官,结果曾任唐朝宰相的韦贻范给大臣们讲了这么一件事:"有一次我与罗隐同舟过河,彼此并不认识,但船工告诉他船上有朝廷大臣,罗隐回答说:'什么朝廷大臣!我用脚指头夹着笔写文章,也抵得过他们许多人!'"目无长上的结果是罗隐失去了一次施展政治抱负的机会。

我们不仅要尊敬君主、官长,也要尊敬与自己一样的普通民众,甚至要尊敬地位不如自己的人。《汉书·张释之传》记载:

> 王生者,善为黄老言,处士。尝召居廷中,公卿尽会立,王生老人,曰"吾袜解",顾谓释之:"为我结袜!"释之跪而结之。既已,人或让王生:"独奈何廷辱张廷尉如此?"王生曰:"吾老且贱,自度终亡益于张廷尉。廷尉方天下名臣,吾故聊使结袜,欲以重之。"诸公闻之,贤王生而重释之。

王生是一位喜好黄老学说的隐士,张释之是西汉名臣,当时任最高司法官廷尉。王生曾被召入朝廷。有一次,三公九卿都聚集在一起,王生是位老人,说:"我的袜带松脱了。"回过头来就对张释之说:"你给我把袜带系好!"张释之就跪在地上,为他系好袜带。事后,有人责备王生:"您怎么能够在朝廷上如此羞辱张廷尉呢!"王生说:"我不仅年老,而且地位卑贱。我知道自己最终也不能给张廷尉任何帮助。张廷尉是天下名臣,我有意让他跪下为我系袜带,是想用这种办法提高他的名望啊。"大臣们听说此事之后,都称赞王生的贤德,而更加敬重张释之。张释之尊敬地位不如自己的人,不仅没有失去所谓的"面子",反而赢得了大家的尊重。在关于爱人、敬人这一问题上,孟子讲了一段极为中肯的话:

> 爱人者,人恒爱之;敬人者,人恒敬之。(《孟子·离娄下》)

爱护别人,实际上就是爱护自己;尊敬别人,实际上就是尊敬自己。

略己而责人者不治①,自厚而薄人者弃②。以过弃功者损③,群下外异者沦④,既用不任者疏⑤,行赏吝色者沮⑥,多

许少与者怨⑦，既迎而拒者乖⑧。薄施厚望者不报⑨，贵而忘贱者不久⑩。念旧怨而弃新功者凶⑪，用人不得正者殆⑫，强用人者不畜⑬，为人择官者乱⑭，失其所强者弱⑮，决策于不仁者险⑯，阴计外泄者败⑰，厚敛薄施者凋⑱。

【注释】

①略己而责人者不治：不约束自我而只去责求别人的人，就无法治理好国家。略，省去，省略。这里指略去对自己的约束。责，责求，严格要求。

②自厚而薄人者弃：厚待自我而刻薄待人的人，一定会被众人所抛弃。

③以过弃功者损：因为小的过失便取消别人功劳的人，一定会失去人心。损，损失，失去。事例详见"解读一"。

④群下外异者沦：属下纷纷产生外心的人，一定会灭亡。沦，沉沦，沉没。这里指灭亡。

⑤既用不任者疏：在任用了某人之后却又不信任此人，一定会导致彼此关系疏远。既……以后。

⑥行赏吝色者沮：论功行赏的时候却露出吝啬的表情，一定会使人感到沮丧。吝色，吝啬的表情。色，表情。把"吝色"直接理解为"吝啬"亦可。

⑦多许少与者怨：承诺多而兑现少的人，一定会招致对方的怨恨。许，许诺，承诺。与，给。如何对待自己的诺言，孔子讲了一段十分中肯的话，可以作为我们为人处世的座右铭："子曰：'口惠而实不至，怨菑及其身。是故君子与其有诺责也，宁有己怨。'"（《礼记·表记》）孔子说："对别人口头承诺得非常好，就是不去实际兑现，这是自身招惹灾难的原因。因此作为君子，宁可落下拒

绝别人要求的抱怨,也不可承担无法兑现诺言的责任。"为什么呢? 因为"言诺而不与,其怨大于不许"(孙希旦《礼记集解》)。我们都有这种感受:当别人拒绝我们某种要求时,我们心里虽不舒服,但也能谅解,因为别人也有别人的难处;如果有人已经答应我们的要求,事后却无故失信,我们会非常生气。因此,不要轻易允诺,一旦允诺,就一定尽力兑现。

⑧既迎而拒者乖:在表示欢迎之后又拒之于门外,一定会使彼此产生矛盾。乖,违背,矛盾。

⑨薄施厚望者不报:给予别人的恩惠很少,却希望得到丰厚的回报,一定得不到任何回报。事例详见"解读二"。

⑩贵而忘贱者不久:富贵之后就忘却贫贱时候的情状与故人旧友,一定不会长久。事例见"解读三"。

⑪念旧怨而弃新功者凶:念念不忘别人的旧怨而忘记他所建立的新功,就一定会遇到凶险。文渊阁《四库全书》本作"念旧而弃新功者凶",据《百子全书》本及张商英注,"念旧"下应缺一"怨"字。张商英注:"切齿于睚眦之怨,眷眷于一饭之恩者,匹夫之量。有志于天下者,虽仇必用,以其才也;虽怨必录,以其功也。汉高祖侯雍齿,录功也;唐太宗相魏郑公(指魏徵),用才也。"

⑫用人不得正者殆:任用邪恶之徒,一定会有危险。正者,正直的人。殆,危险。

⑬强用人者不畜(xù):勉强去任用某人,一定会留不住此人。畜,畜养,留下来。张商英注:"曹操强用关羽,而终归刘备,此不畜也。"

⑭为人择官者乱:出于偏私而为某人选择官位的人,就会导致国家大乱。

⑮失其所强者弱:丢失了自己的优势,一定会变得衰弱。所强者,自己的强项、优势。张商英注:"有以德强者,有以人强者,有以势强

者,有以兵强者。尧、舜有德而强,桀、纣无德而弱;汤、武得人而强,幽、厉失人而弱;周得诸侯之势而强,失诸侯之势而弱;唐得府兵而强,失府兵而弱。其于人也,善为强,恶为弱;其于身也,性为强,情为弱。"

⑯决策于不仁者险:依据不仁之人的意见去制定国家的政策,一定会遇到危险。

⑰阴计外泄者败:秘密计划被泄露出去,就一定会失败。事例见"解读四"。

⑱厚敛薄施者凋:横征暴敛而薄施寡恩的人,就一定会衰落。凋,凋零,衰落。

【译文】

不约束自我而只去苛责别人的人,就无法治理好自己的国家;厚待自我而刻薄待人的人,一定会被众人所抛弃;因为小的过失便取消别人功劳的人,一定会失去人心;属下纷纷产生外心的人,一定会灭亡;在任用了某人之后却又不信任此人,一定会导致彼此关系的疏远;论功行赏的时候却露出吝啬的表情,一定会使人感到沮丧;承诺多而兑现少的人,一定会招致对方的怨恨;在表示欢迎之后又拒之于门外,一定会使彼此产生矛盾;给予别人的恩惠很少,却希望得到丰厚的回报,一定会得不到任何回报;富贵之后就忘却贫贱时候的情状与故人旧友,一定不会持久;念念不忘别人的旧怨而忘记他所建立的新功,一定会遇到凶险;任用邪恶之徒,一定会有危险;勉强去任用某人,一定会留不住此人;出于偏私而为某人选择官位的人,就会导致国家大乱;丢失了自己的优势,一定会变得衰弱;依据不仁之人的意见去制定国家的政策,一定会遇到恶运;秘密计划被泄露出去,一定会失败;横征暴敛而薄施寡恩的人,一定会衰落。

【解读一】以过弃功者损

因为小的过失便取消或者忘记别人的大功劳,一定会失去人心。因此，历史上的许多明君都能够"举大德，赦小过，无求备于一人之义也"
（东方朔《答客难》）。

我们现在一提到"破釜沉舟"这一词汇，就想到项羽的巨鹿之战。
而实际上，早在此战数百年之前，秦国将军孟明视就已经使用了这一
战术。

据《左传》"僖公三十二年""僖公三十三年"及"文公三年"记载，
前628年冬天，秦穆公不顾大臣蹇叔等人的劝阻，执意派孟明视、西乞
术、白乙丙三位将军率兵跨越晋国、东周去偷袭郑国，结果走到半道，发
现偷袭计划已经败露，只得回师还秦。次年，在秦军回撤途中，晋国军队
埋伏在崤山（今河南三门峡东南与洛阳西交接地区的崤山山脉）隘口，
全歼秦军，三位将军被俘。

后来，晋国释放了三位秦将，秦穆公穿着白色的丧服在都城郊外迎
接被释放回国的将士，他不仅没有怪罪这些失败的将士，反而承担了失
败的全部责任，哭着说："我不听蹇叔的劝告，让你们受了屈辱，这是我的
罪过，大夫有什么罪呢！况且我也不会因为一点儿小过失而抹杀他们的
大功劳。"秦穆公继续重用几位将军。到了前624年，秦穆公与孟明视率
军复仇：

> 秦伯伐晋，济河焚舟，取王官及郊。晋人不出。遂自茅津济，封
> 殽尸而还。遂霸西戎，用孟明也。（《左传·文公三年》）

秦穆公与孟明视率军讨伐晋国，秦军在渡过黄河之后，把渡船全部
烧毁，以示绝不后退。当时秦穆公与孟明视大概不会想到，数百年之后
的项羽会使用同样的战术来对付他们的后代。秦军接着攻占了晋国的
王官（今山西闻喜西）与郊（在王官附近），吓得晋军躲在营垒里不敢出
战。秦军从茅津（今山西平陆茅津渡）再次渡过黄河来到崤山，埋葬了
战死的秦军将士的遗骨并立下标志，然后撤军回国。《左传》的作者认
为，秦穆公之所以能够称霸于西戎（指西边少数民族地区），是因为继续
重用孟明视的缘故。所以当时的君子们称赞秦穆公"举人之周也，与人

之壹也"(《左传·文公三年》),意思是称赞秦穆公选拔人才时能够全面考量,任用人才时能够深信不疑。

【解读二】薄施厚望者不报

所谓的"薄施厚望者不报",意思是给予别人的恩惠很少,却希望得到别人的丰厚回报,这样的人一定会得不到任何回报。这种情况在古代也不少。《史记·滑稽列传》记载:

> 威王八年,楚大发兵加齐。齐王使淳于髡之赵请救兵,赍金百斤,车马十驷。淳于髡仰天大笑,冠缨索绝。王曰:"先生少之乎?"髡曰:"何敢!"王曰:"笑岂有说乎?"髡曰:"今者臣从东方来,见道傍有禳田者,操一豚蹄,酒一盂,而祝曰:'瓯窭满篝,污邪满车,五谷蕃熟,穰穰满家。'臣见其所持者狭而所欲者奢,故笑之。"于是齐威王乃益赍黄金千溢,白璧十双,车马百驷。髡辞而行,至赵。赵王与之精兵十万,革车千乘。楚闻之,夜引兵而去。

齐威王即位后的第八年,楚国派大军入侵齐国。齐王就派大夫淳于髡出使赵国请求援兵,让他携带黄金百斤、车子十辆作为赠送赵国的礼物。淳于髡看到后仰天大笑,将系帽子的带子都笑断了。威王问:"先生是嫌礼物太少吗?"淳于髡说:"我怎么敢嫌少呢!"威王问:"那你笑什么呢?"淳于髡说:"今天我从东边来这里时,看到路旁有一位向田神祈祷的人,他拿着一个猪蹄、一小杯酒作为祭品,祈祷说:'高地上收获的谷物盛满我的竹笼,低处田里收获的庄稼装满我的车辆;五谷繁茂成熟,家里堆满米粮。'我看到他拿那么少的祭品,而祈求那么多的东西,所以笑他。"于是齐威王又添加了黄金千镒、白璧十对、马车百辆作为礼物。淳于髡告辞威王,来到赵国。赵王看到如此丰厚的礼品,便送给他十万精兵与一千辆裹有皮革的战车。楚国听到这个消息后,连夜撤兵而去。

【解读三】贵而忘贱者不久

本章认为,富贵之后,就忘却了贫贱时候的情况或故交老友,这样的人一定不会长久。关于这一点,我们举正反两个例子。

重耳是晋献公的儿子，即历史上著名的春秋五霸之一——晋文公。重耳早年时，由于遭到后母骊姬的迫害，逃离了晋国，到各国流亡，历尽艰险。十九年之后，在秦国的帮助下，终于回到了晋国。《韩非子·外储说左上》记载了重耳准备进入晋国时的情景：

> 文公反国，至河，令笾豆捐之，席蓐捐之，手足胼胝、面目黧黑者后之。咎犯闻之而夜哭。公曰："寡人出亡二十年，乃今得反国。咎犯闻之不喜而哭，意不欲寡人反国耶？"犯对曰："笾豆，所以食也，而君捐之；席蓐，所以卧也，而君弃之；手足胼胝，面目黧黑，劳有功者也，而君后之。今臣与在后，中不胜其哀，故哭。且臣为君行诈伪以反国者众矣，臣尚自恶也，而况于君！？"再拜而辞。文公止之曰："谚曰：'筑社者攓撅而置之，端冕而祀之。'今子与我取之，而不与我治之；与我置之，而不与我祀之焉。"乃解左骖而盟于河。

晋文公重耳返回晋国，走到黄河边上，因为过了黄河就进入晋国境内，他产生了犹如现代的"阅兵"心理，为了阵容整洁美观，他就命令把随身携带的破旧的锅碗瓢勺、竹席草垫全部丢掉，让那些手脚长满厚茧、脸色黝黑的人走在最后面。重耳的舅舅咎犯听到这个命令之后，夜里就哭了起来。重耳问道："我外出逃亡了二十来年，直到今天才能够返回晋国。您不为此感到喜悦反而哭泣，难道您心里不想让我返回晋国吗？"咎犯回答说："那些锅碗瓢勺，是我们过去用来吃饭的东西；那些竹席草垫，是我们过去用来睡觉的用具，而您全部把它们丢弃了。那些手脚磨出厚茧、脸色黝黑的人，都是受尽辛劳而有功的人，而您却让他们走在最后面。如今我也被安排到了最后面，心中为此不胜悲哀，所以就哭了。再说我为了使您能够返回晋国而干了很多欺诈的事情，我自己尚且厌恶自己的这些行为，更何况是您呢？"于是咎犯向重耳拜了两拜，就要告辞离去。晋文公挽留他说："民谚说：'修筑社坛的人，先撩起衣服去辛苦地修筑社坛，然后衣帽整齐地去祭祀社神。'如今您和我取得了晋国，而不和我一起去治理晋国，这就好比与我一起修筑了社坛，而不和我一起去祭祀社神一样,这怎么可以呢?"于是就解下车辆左边的马作为祭品,在黄河河神面前订立了永不相弃的誓约。

重耳还没有进入晋国当君主,就开始嫌弃那些追随自己的旧臣故友以及曾经使用过的旧家什,亏得咎犯的提醒,使重耳幡然醒悟。后来,重耳还是主要依靠这些旧臣的辅佐,成为春秋五霸之一。

还有一位历史名人陈胜,在这方面做得就差多了。陈胜在为他人做佣工的时候,讲过让后人过目难忘的两句名言——"苟富贵,无相忘"与"燕雀安知鸿鹄之志哉":

> 陈涉少时,尝与人佣耕,辍耕之垄上,怅恨久之,曰:"苟富贵,无相忘。"庸者笑而应曰:"若为庸耕,何富贵也!"陈涉太息曰:"嗟乎,燕雀安知鸿鹄之志哉!"(《史记·陈涉世家》)

陈胜字涉。他年轻时,曾经和别人一起被雇佣种地,有一天在田埂上休息时,陈胜怅然了好长时间,然后说:"如果将来富贵了,我一定不会忘记大家的。"同伴们就笑着回应说:"你一个被雇来种地的人,哪里来的富贵!"陈胜长叹一声说:"唉,燕雀怎么能够知道鸿鹄的志向呢!"后来,陈胜真的赢得了富贵,他起兵反秦,成了陈王,却把"无相忘"的诺言忘得干干净净:

> 陈胜王凡六月。已为王,王陈。其故人尝与庸耕者闻之,之陈,扣宫门曰:"吾欲见涉。"宫门令欲缚之。自辨数,乃置,不肯为通。陈王出,遮道而呼涉。陈王闻之,乃召见,载与俱归。……客出入愈益发舒,言陈王故情。或说陈王曰:"客愚无知,颛妄言,轻威。"陈王斩之。诸陈王故人皆自引去,由是无亲陈王者。(《史记·陈涉世家》)

陈胜称王之后,建都于陈(今河南周口淮阳区)。那些曾经与他一起种地的老伙伴们听说后就来到陈,对守宫门的官员说:"我们要见陈涉。"守宫门的官员想把他们捆绑起来。经这些老伙伴们反复辩解,才释放了他们,但不肯为他们通报。等到陈胜出门时,他们拦路呼喊陈胜的名字。陈胜听到后，才召见了他们，与他们一起乘车回宫。后来这些伙伴在宫中出出进进越来越随便，常常跟人讲起陈胜低贱时的一些旧事逸闻。有人就对陈王说："您的这些客人愚昧无知，专门胡说八道，有损于您的威望。"于是陈胜就把这些伙伴杀了。从此之后，陈胜其他的旧友故交都纷纷离他而去，再也没有亲近他的人了。

陈胜不仅忘记、残害故交，就连妻父也不放在眼里。据说是孔子八世孙、曾任陈胜博士的孔鲋所撰写的《孔丛子·独治》记载：

> 陈胜既立为王，其妻之父兄往焉，胜以众兵（一作宾）待之，长揖不拜，无加其礼。其妻之父怒曰："怙乱僭号而傲长者，不能久矣。"不辞而去。

陈胜称王之后，他的岳父及妻兄前来投靠，陈胜对待自己的岳父就像对待一般宾客一样，没有丝毫敬重之心，惹得岳父大骂他"依仗叛乱，僭称王号，在长者面前傲慢无礼，这种人不能长久"，然后不辞而别。

陈胜就是本章"贵而忘贱者不久"的印证者，由于他忘记了卑贱时的情景与旧交故友，所以他就只能当六个月的陈王。

古人还把不得"贵而忘贱"这一原则运用在夫妻关系之中。先秦时就有"七出（也叫七去）"之说，丈夫可以在七种情况下休妻："妇有七去：不顺父母去，无子去，淫去，妒去，有恶疾去，多言去，窃盗去。"但同时规定了"三不去"："妇有三不去：有所取，无所归，不去；与更三年丧，不去；前贫贱，后富贵，不去。"（《大戴礼记·本命》）休妻后妻子无家可归，妻子为公婆守过三年丧，富贵人在从前贫贱时取的妻子，都不许休掉。其中"前贫贱，后富贵，不去"这一原则被后人通俗化为"糟糠之妻不下堂"一语：

> 帝姊湖阳公主新寡，帝与共论朝臣，微观其意。主曰："宋公威容德器，群臣莫及。"帝曰："方且图之。"后弘被引见，帝令主坐屏风后，因谓弘曰："谚言：'贵易交，富易妻。'人情乎？"弘曰："臣闻：'贫贱之知不可忘，糟糠之妻不下堂。'"帝顾谓主曰："事不谐矣。"（《后

汉书·宋弘列传》)

东汉开国君主光武帝刘秀的姐姐被封为湖阳公主,当湖阳公主的丈夫刚刚去世后,刘秀便与她一起评论朝中大臣,想暗中揣摩公主的心仪之人,从而觅得一位好姐夫。公主说:"宋弘的威容与道德,没有哪位大臣比得上。"刘秀说:"让我想个办法把他弄到手。"后来宋弘被刘秀召见,刘秀就让湖阳公主坐到屏风后面,然后对宋弘说:"谚语说:'高贵了就要替换朋友,富有了就要替换老婆。'这是人之常情吗?"宋弘回答道:"我听说:'贫贱时的朋友不能遗忘,穷苦时的妻子不能抛弃。'"刘秀听了,便回头对屏风后的姐姐说:"这事恐怕不好办了。"

【解读四】阴计外泄者败

注意保密,不仅是古人的原则,也是今人的原则。因为秘密计划一旦被泄露出去,就一定会失败。关于保密问题,《韩非子·外储说右上》记载了这样一段君臣对话:

> 堂谿公谓昭侯曰:"今有千金之玉卮而无当,可以盛水乎?"昭侯曰:"不可。""有瓦器而不漏,可以盛酒乎?"昭侯曰:"可。"对曰:"夫瓦器至贱也,不漏可以盛酒。虽有千金之玉卮,至贵而无当,漏不可盛水,则人孰注浆哉!今为人主而漏其群臣之语,是犹无当之玉卮也。虽有圣智,莫尽其术,为其漏也。"昭侯曰:"然。"昭侯闻堂谿公之言,自此之后,欲发天下之大事,未尝不独寝,恐梦言而使人知其谋也。

有一次,大夫堂谿公问韩昭侯:"如果有一只价值千金的玉杯,但没有底部,可以用来装水吗?"韩昭侯说:"不可以。"堂谿公又问:"如果有一个陶器而不会漏水,可以用来装酒吗?"韩昭侯说:"可以。"堂谿公说:"陶器是最不值钱的器具,因为不漏水,就可以用来装酒。即使有一只价值千金的玉杯,虽然极其昂贵但没有底部,因为漏水,就不可以用来盛水,那么还有谁会往里面倒饮料呢?如今作为君主而泄露群臣对自己的进言,这样的君主就像是没有底的玉杯。即使大臣具备了极为高超的智慧,这些大臣也不会完全献出自己的计谋,因为君主会泄漏他们的计谋啊。"韩昭侯说:"说得好。"韩昭侯听了堂谿公的话之后,每当想做大事的时候,都是单独睡觉,因为他担心说梦话而让别人知道了自己的谋划。

韩昭侯如此谨慎不是没有道理的,历史上的确有不注意保密的人,不仅辜负了君主的重托,害得君主四处逃亡,而且还搭上了自己的性命,这一史实还为我们留下一句"人尽可夫"的"名言"。《左传·桓公十五年》记载:

> 祭仲专,郑伯患之,使其婿雍纠杀之。将享诸郊。雍姬知之,谓其母曰:"父与夫孰亲?"其母曰:"人尽夫也,父一而已,胡可比也?"遂告祭仲曰:"雍氏舍其室而将享子于郊,吾惑之,以告。"祭仲杀雍纠,尸诸周氏之汪。公载以出,曰:"谋及妇人,宜其死也。"夏,厉公出奔蔡。

祭仲是郑国的大夫,非常专权,郑厉公(即文中说的郑伯)担心他觊觎自己的君位,就让祭仲的女婿雍纠去除掉祭仲。雍纠计划在郊外宴请祭仲,并乘机杀掉他。祭仲的女儿、雍纠的妻子雍姬知道了这件事,就问她母亲:"父亲与丈夫哪一个更亲近?"她母亲回答:"任何一位男子,都可能成为一个女人的丈夫,而父亲却只有一个,这怎么能够相比呢?"于是雍姬就告诉祭仲说:"雍纠不在自己家里而在郊外宴请您,我怀疑此事有诈,所以告诉您。"于是祭仲就杀了雍纠,把雍纠尸体摆在周氏的池塘边。郑厉公把雍纠的尸体放在自己的车子里,然后一起逃离了郑国,说:"与妇女商量大事,真是死得活该。"这年夏天,郑厉公辗转逃到了蔡国。

战士贫、游士富者衰①。货赂公行者昧②。闻善忽略,记过不忘者暴③。所任不可信,所信不可任者浊④。牧人以德者集⑤,绳人以刑者散⑥。小功不赏,则大功不立;小怨不赦,则大怨必生。赏不服人,罚不甘心者叛⑦。赏及无功,罚及无罪者酷⑧。听谗而美，闻谏而仇者亡。能有其有者安⑨，贪人之有者残⑩。

【注释】

①游士：鼓舌摇唇、四处游说的士人。如战国时期的张仪、苏秦。

②货赂：行贿，贿赂。昧：昏暗，黑暗。

③记过：牢记别人的过错。

④浊：浑浊。比喻政治混乱。

⑤牧人以德者集：依靠恩德去管理民众，就能够使民众真心归附。牧，本指放牧牲畜，后来引申为统治、管理民众。集，聚集，归附。

⑥绳人以刑者散：依靠刑法去制裁民众，那么民众就会离心离德。绳，本指木工用来打直线的墨绳，后来多用来比喻法度、法律。这里用作动词，用刑罚去制裁民众。

⑦罚不甘心者叛：处罚人的时候不能让受罚者心服口服，必定引起叛乱。

⑧罚及无罪者酷：惩罚无罪之人，这就是残酷。

⑨能有其有者安：能够做到只占有自己应该占有的名利，就可以保证自己的安全。

⑩贪人之有者残：贪图占有别人的东西，就无法保全自我。与前一句"能有其有者安"相对。残，残缺不全。贪图别人的东西，自然会受到别人的反抗，故而难以保全自我。关于贪人之有的恶果，详见"解读"。如果把"残"理解为"残酷"亦可。为什么贪图占有别人东西的人会变得残酷无情，也可详见"解读"。

【译文】

奋勇征战的将士们生活贫困，而鼓舌摇唇、四处游说的士人却能安享富贵，这样的国家一定会衰落。人们可以明目张胆地去贿赂官员，这样的政治必定十分黑暗。知道别人的优点而往往却忽略掉了，对别人的缺点错误反而念念不忘，这样的人一定暴虐。自己所任用的人不值得信任，而值得信任的人又不能胜任其职，这样的政治一定非常混乱。依靠恩德去管理民众，就能够使民众前来归附；依靠刑法去制裁民众，那么民众就会离心离德。小的功劳得不到奖赏，人们便不会去建立大的功劳；小的怨恨不被宽赦，大的怨恨便会产生。奖赏某人而得不到大家的认可，惩罚某人不能使受罚者心服口服，就一定会引起叛乱。赏赐无功之人，惩罚无罪之人，这就是残酷无情。听到谗佞之言就十分高兴，听到忠谏之言便心生怨恨，这样做就一定会灭亡。能够做到只占有自己应该占有的东西，这样就可以保证自己的安全；贪图占有属于别人的东西，就无法保全自我。

【解读】能有其有者安，贪人之有者残

本章告诉我们，一个人只应该去占有自己应该占有的东西，这样就可以保证自己的安全；如果贪图占有属于别人的东西，那就叫贪得无厌，而贪得无厌的人，是绝无好下场的。

每当看到本章说的"能有其有者安"这句话时，就使我们不由自主地想到苏东坡在《前赤壁赋》中对朋友讲的一段话：

> 且夫天地之间，物各有主，苟非吾之所有，虽一毫而莫取。惟江上之清风，与山间之明月，耳得之而为声，目遇之而成色，取之无禁，用之不竭。是造物者之无尽藏也，而吾与子之所共适。

苏东坡对朋友说："再说天地之间，万物各有其主，如果不是自己应该拥有的，即使一分一毫也不去求取。只有江上的清风，与山间的明月，耳闻之则成动听之音乐，目视之则为优美之景色，欣赏这些音乐与景色也不会有人阻止，使用这些音乐与景色更不会穷尽。这就是大自然赐予我们的无穷无尽的宝藏，我和您就一起尽情地享用吧。"

然而许多人不去享用大自然的恩赐，总盯着别人手中的东西，而且是得寸进尺，贪得无厌，那么结果又如何呢？《左传·桓公十年》记载的一件事情给出了答案：

虞叔有玉，虞公求旃。弗献，既而悔之，曰："周谚有之：'匹夫无罪，怀璧其罪。'吾焉用此，其以贾害也？"乃献。又求其宝剑，叔曰："是无厌也。无厌，将及我。"遂伐虞公，故虞公出奔共池。

虞国是先秦时期的一个诸侯国，在今山西平陆东北一带。虞公是虞国君主，虞叔是虞公的弟弟。虞叔手里有一块美玉，虞公就向他索要这块美玉。虞叔没有给他，但不久就后悔了，说："周民族有这样一个谚语：'百姓本来没有任何罪过，只要他怀里揣着一块玉璧，那就有罪了。'我哪里用得着这块美玉，难道要用它为自己换来灾祸吗？"于是就把这块美玉献给了虞公。虞公接着又向虞叔索要宝剑，虞叔说："这就是贪得无厌了。如此贪得无厌，将来还会索要我的性命。"于是就率兵攻打虞公，虞公只好逃到了共池（今山西平陆）。由于虞公的贪得无厌，不仅使他失去了兄弟之情，也失去了自己的国家。

我们还要明白"匹夫无罪，怀璧其罪"的含义。先秦时期，并没有法律规定不许普通百姓收藏玉璧，这里是说一个普通百姓本来没有犯罪，可一旦他藏有一块珍贵的玉璧，那就是他的"罪过"了。原因是权贵要给他罗织罪名，陷害他，以便劫夺他的玉璧。我们试举一例。《红楼梦》第四十八回说，石呆子并不富裕，却有二十把古扇，而这些古扇偏偏又被贾府看中，愿意出钱购买。但石呆子说："我饿死冻死，一千两银子一把我也不卖！"此事被当地官员贾雨村知道了，贾雨村为了讨好贾府，便设个法子，讹诈石呆子欠了官银，把他关入监牢，说所欠官银，可以变卖家产赔补，于是就把这些古扇抄了充公，作了官价送给贾府。石呆子受不了这次打击，自杀身亡。如果没有这些古扇，石呆子过得平平安安；有了这些古扇，他却被搞得家破人亡。

我们在注释中说过，把"贪人之有者残"的"残"理解为"残酷"亦可，为什么"贪人之有者残"？看看秦二世的行为就可以理解了。

秦始皇死于巡视途中的沙丘（今河北平乡东北），他本想把帝位传给远在千里之外的长子扶苏，然而身边的大臣赵高与李斯相互勾结，矫旨杀害了扶苏,立秦始皇的幼子胡亥当了皇帝,这就是历史上的秦二世。换句话说,二世皇帝是"贪人之有",盗窃了兄长的帝位。

正因为帝位是盗窃来的,所以他非常心虚,"阴与赵高谋曰:'大臣不服,官吏尚强,及诸公子必与我争。'"于是就大开杀戒,不仅杀大臣,更要杀兄弟:

> 六公子戮死于杜。公子将闾昆弟三人囚于内宫,议其罪独后。二世使使令将闾曰:"公子不臣,罪当死,吏致法焉。"将闾曰:"阙廷之礼,吾未尝敢不从宾赞也;廊庙之位,吾未尝敢失节也;受命应对,吾未尝敢失辞也。何谓不臣?愿闻罪而死。"使者曰:"臣不得与谋,奉书从事。"将闾乃仰天大呼天者三,曰:"天乎!吾无罪!"昆弟三人皆流涕拔剑自杀。宗室振恐。群臣谏者以为诽谤,大吏持禄取容,黔首振恐。(《史记·秦始皇本纪》)

秦二世不仅杀大臣、兄弟,而且还杀其姐妹:"先后戮死公子十二人于咸阳市,六人于杜(今陕西西安西南)。公主十人甚至被活活裂其肢体而杀之。"(白寿彝《中国通史》第五册)秦二世屠杀兄弟姐妹近三十人,这在中国历史上,可以说是罕见的骨肉相残,惨绝人寰。孔子说:那些小人"其未得之也,患得之;既得之,患失之。苟患失之,无所不至矣"(《论语·阳货》)。小人们在没有得到富贵的时候,就发愁得不到富贵;在得到富贵之后,又发愁会失去富贵。如果害怕失去富贵,他们就会无所不用其极。秦二世为了保住自己盗窃来的富贵,真可以说是无所不用其极了。

右第五章,言遵而行之者义也[1]。

【注释】

[1]遵而行之者义也:应该遵照执行的是正义的原则。这段文字见《百子全书》本,文渊阁《四库全书》本没有这段文字,而是把"遵

而行之者义也”作为张商英的注，放在本章标题之下：“注曰：遵而行之者义也。”

【译文】

以上为第五章，阐述人们应该遵照执行的是正义的原则。

安礼章

【题解】

安礼,安心履行礼制。古人认为,礼的内涵有二,一是仁义美德,这是礼的本质;二是跪拜礼仪,这是礼的形式。所以孔子说:"礼云礼云,玉帛云乎哉? 乐云乐云,钟鼓云乎哉?"(《论语·阳货》)礼乐,并非仅仅体现在互赠礼品、鸣钟击鼓这些表面的行为上,而且体现在人的内在美德方面。当然,孔子认为最高的礼,是把本质与形式完美地结合在一起,这就是他说的"文质彬彬,然后君子"(《论语·雍也》)。包括儒家在内的古人强调的是礼的本质,而不是礼的形式。本章要求人们所安心履行的礼,讲的也主要是礼的本质,如赦人小过、积德行善、任贤用能、努力耕织、尊重他人等等。

怨在不舍小过①,患在不预定谋②。福在积善,祸在积恶③。饥在贱农④,寒在惰织⑤。安在得人,危在失士⑥。富在迎来⑦,贫在弃时⑧。

【注释】

①怨在不舍小过:招来别人怨恨的原因,在于不肯赦免别人的小过

失。舍,舍弃,赦免。关于"舍小过",详见"解读一"。

②患在不预定谋:灾祸产生的原因,在于事前没有进行仔细地谋划。患,灾祸。

③福在积善,祸在积恶:幸福到来的原因,在于不断地积累自己的善行;灾难发生的原因,在于不断地积累自己的恶行。关于善恶有报的问题,详见"解读二"。

④饥在贱农:人们挨饿受饥的原因,在于不重视农业。贱,看轻,不重视。

⑤惰织:不努力养蚕织布。惰,懒惰,懈怠。

⑥危在失士:出现危险的原因,在于失去士人的支持。《百子全书》本"失士"作"失事",应以《四库全书》本为是。

⑦富在迎来:变得富有的原因,在于积极生产财富。迎来,招来,聚集。指招来财富。张商英注:"唐尧之节俭,李悝之尽地利,越王勾践之十年生聚,汉之平准,皆所以迎来之术也。"

⑧贫在弃时:贫穷的原因,在于错过了农时。时,农时。比如国家在春耕农忙季节,却征调农夫去征战、服役,这就叫"弃时"。

【译文】

招来别人怨恨的原因,在于不肯赦免别人的小过失;灾祸产生的原因,在于事前没有进行仔细的谋划;幸福到来的原因,在于不断地积累自己的善行;灾难发生的原因,在于不断地积累自己的恶行;挨饿受饥的原因,在于不重视农业生产;挨冻受寒的原因,在于不努力养蚕织布;能够过上安宁的生活,在于获得了人心;危难发生的原因,在于失去士人的支持;富有的原因,在于采取正确方法去招来财富;贫穷的原因,在于错过了农时。

【解读一】怨在不舍小过

孔子早就提醒,作为君主或者领导者不要总盯着属下的小错小过:"古者冕而前旒,所以蔽明也;统纩塞耳,所以弇聪也。"(《大戴礼记·子张问入官》）关于这段话的含义，汉代东方朔的《答客难》解释得更为清楚：

> 故曰："水至清则无鱼，人至察则无徒。冕而前旒，所以蔽明；黈
> 纩充耳，所以塞聪。"明有所不见，聪有所不闻，举大德，赦小过，无
> 求备于一人之义也。

旒，是指古代帝王冠冕上前后悬垂的玉串（后来也用宝珠）；黈纩，
也就是孔子说的"统绕"，是指垂挂在冠冕左右两侧用黄色丝绵做成的
小绵丸，下与耳朵相齐。东方朔这段话的意思是："所以说：'水清澈到了
极致就无法养鱼，人太苛责别人就没有朋友。冠冕前悬挂的旒，是用来
遮挡视线的；冠冕两边悬挂在耳朵边的黄色绵丸，是用来遮蔽听觉的。'
眼力虽然很好，该看的就不要去看；听力虽然很好，该不听的就不要去
听；只要大节可以，就可以去任用他；对于一些小的错误，就不要再去责
罚了，不要对一个人求全责备。"简言之，前旒蔽明、黈纩充耳的目的，就
是提醒君主要有含垢藏疾的宽宏胸怀，不可斤斤计较。关于这方面的例
子，我们举"张敞画眉"这一典故：

> （张敞）又为妇画眉，长安中传张京兆眉忕。有司以奏敞。上
> 问之，对曰："臣闻闺房之内，夫妇之私，有过于画眉者。"上爱其能，
> 弗备责也。（《汉书·张敞传》）

汉代京兆尹（京城地区的行政长官）张敞在家为夫人描画眉毛，京
城长安的百姓都盛传张敞描画的眉毛特别妩媚可爱，号之为"京兆眉"。
结果有关官员认为张敞的行为有违儒家伦理，便将此事上奏汉宣帝，当
宣帝询问此事时，张敞自我辩解说夫妇间的隐私有过于画眉者，朝廷不
该窥探别人闺房内的事情，于是汉宣帝蔽明塞聪，不再追究。

那么赦免别人的小过，效果又如何呢？我们看《韩诗外传》卷七记
载的楚庄王在位时的"绝缨"故事：

> 楚庄王赐其群臣酒，日暮酒酣，左右皆醉。殿上烛灭，有牵王后
> 衣者，后扢冠缨而绝之，言于王曰："今烛灭，有牵妾衣者，妾扢其缨
> 而绝之，愿趣火视绝缨者。"王曰："止。"立出令曰："与寡人饮，不绝

缨者，不为乐也。"于是冠缨无完者，不知王后所绝冠缨者谁，于是王遂与群臣欢饮，乃罢。后吴兴师攻楚，有人常为应行，合战者五，陷阵却敌，遂取大军之首而献之。王怪而问之曰："寡人未尝有异于子，子何为于寡人厚也？"对曰："臣先殿上绝缨者也，当时宜以肝胆涂地。负日久矣，未有所效，今幸得用，于臣之义，尚可为王破吴而强楚。"

楚庄王是春秋时期楚国的贤君。有一次，庄王宴请群臣，大家一直喝到晚上，一个个醉醺醺、迷蒙蒙的。此时，大殿上的灯火突然熄灭了，有一位大夫竟然仗着酒胆，拉扯起王后的衣服。王后急中生智，就把这位大夫的帽缨给拔了下来，然后对庄王说："刚才灯灭时，有人竟敢拉扯我的衣服，我把他的帽缨拔了下来。赶快把灯点燃，找出那个扯我衣服的人。"庄王说："别点灯。"当即下令说："今天大家与我一起饮酒，不把帽缨拔掉，就不能算是尽兴。"群臣都把自己的帽缨拔掉，于是也就不知道被王后拔掉帽缨的人是谁了。庄王与群臣高高兴兴地一直饮酒到宴会结束。后来吴国军队入侵楚国，有一位大夫每次都冲锋在前，与吴军交战五次，这位大夫每次都能够勇敢地冲锋陷阵，击败敌人，接着还斩获了吴军大将的首级。庄王很奇怪，就问他："我从来没有给予您什么特殊待遇，您为什么对我如此忠诚、为我如此卖命呢？"那位大夫回答说："我就是以前在宴会上被王后拔掉帽缨的那个人，当时我就应该被处以死罪啊。我背负着这种心理压力已经很久很久了，一直到了今天才侥幸遇到为大王效力的机会，我要尽自己作为臣子的道义，为大王击败吴国，使我们楚国强大起来。"

【解读二】福在积善，祸在积恶

本章认为，幸福到来的原因，在于不断地积累自己的善行；灾难发生的原因，在于不断地积累自己的恶行。这可以说是古人的共识。关于善恶有报的问题，是中国古代哲学、伦理学中的重要问题之一，而本章作者对善恶报应持坚信不疑的态度。为了使读者能够对这一问题有进一步的认识,这里就较为全面、但很简要地梳理一下中国古代的因果报应思想。我们讲三个问题:中国本土的宗教报应观,佛教的报应观,以及人事报应问题。

(一)中国本土宗教报应观

善恶有报,是中国固有的传统观念,而"报"的权利,就掌控在神灵的手中:"《周书》曰:'皇天无亲,惟德是辅。'"(《左传·僖公五年》)上天对谁也不亲近,只帮助那些品德美好的人;那么反过来,上天还会对恶人进行惩罚。《周易·坤卦·文言》说:

> 积善之家,必有余庆;积不善之家,必有余殃。

与后来传入中国的佛教因果报应观相比,中国的传统报应观有自己的特点。先秦人认为,一个人恶有恶报,善有善报,如果这个人的善恶没有得到报应,那么这个报应就会落在他们的子孙身上。中国本土的这种报应观会产生两个"弊端":一是对极端自私的人缺乏约束力。那些极端自私的人只管自己享受,不顾父母妻儿,面对这种报应观,他们就会心存侥幸,既然自己作恶可能不会得到惩罚,而是由子孙承担,那么自己就可以为所欲为了。二是中国的史学非常发达,从先秦开始,对于一些重要的历史人物及其后人的一生经历,史书都有记载。当人们翻阅史书时,发现某人的善恶没有得到应有的报应,于是就去查阅其子孙的经历,结果发现其子孙依然没有得到应有的报应,于是这种报应观就容易受到人们的怀疑。史学家司马迁就是如此。《史记·伯夷列传》说:

> 或曰:"天道无亲,常与(帮助)善人。"若伯夷、叔齐,可谓善人者非耶?积仁絜行如此而饿死!且七十子之徒,仲尼独荐颜渊为好学。然回也屡空(贫穷),糟糠不厌(吃不饱糟糠),而卒早夭。天之报施善人,其何如哉?盗跖日杀不辜,肝人之肉,暴戾恣睢(残暴放纵),聚党数千人横行天下,竟以寿终。是遵何德哉!此其尤大彰明较著者也。

> 若至近世,操行不轨(不遵正道),专犯忌讳,而终身逸乐,富厚

累世不绝。或择地而蹈之（循规蹈矩），时然后出言，行不由径，非公正不发愤，而遇祸灾者，不可胜数也。余甚惑焉：倘所谓天道是耶？非耶？

司马迁感到非常疑惑：像伯夷、叔齐、颜回这样的好人，要么饿死，要么夭折；像盗跖这样的坏人，日杀不辜，残暴无比，竟以寿终。这些坏人不仅自己"终身逸乐"，而且"富厚累世不绝"，连他们的后代也世世代代享受荣华富贵。于是司马迁就开始怀疑"天道无亲，常与善人"这种中国本土的报应观了。正是因为中国本土的报应观容易受到怀疑，结果也就削弱了这一报应思想的约束力。

（二）佛教报应观

与中国本土报应观相比，佛教报应观就显得非常周密精细，克服了中国报应观的这些弊端。佛教报应观有两点值得注意：

一是：善有善报，恶有恶报，而且这种报应必须由本人承担，用通俗的话讲，就是"谁欠债，谁还钱"，包括子孙在内的任何人都无法替他还债。

二是：佛教把报应思想与轮回思想联系起来。佛教认为，一个人得到报应的时间可以分为三种情况：一是现报，二是生报，三是后报。所谓"现报"，就是说一个人或行善或作恶，在这个人活着的时候，就能得到报应。所谓"生报"，是指一个人这辈子作的"业"，到他的来生也就是下一辈子时得到报应。所谓"后报"，是指一个人这辈子作的"业"，要等到他的第二生、第三生，甚至百生、千生以后才得到报应。

这样一来，佛教报应思想就克服了中国本土报应观的两个"弊端"：第一，对于那些极端自私的人，具有极强的约束力，他们没有办法推卸自己的责任。第二，这种报应思想，我们世俗人根本无法去验证。别说是百生、千生，即便是下一生，我们会变成什么东西，生活状况如何，也根本无法去验证。人们有一种普遍心理，对于这类没法验证的事情，我们宁可信其有，不可信其无，更何况这是大圣人释迦牟尼佛说的。如地狱问题就是如此。因为佛教的影响，后来的道教也讲地狱，认为一个人做了坏事，死后会下地狱。有一次，有人问一位高道好友："你们天天在讲地狱，你实话告诉我，地狱究竟有没有？"道士回答说："究竟有没有地狱，说实话，我也不知道。无论有没有，您就当它有，万一有了怎么办？"也就是说，地狱有无的问题，我们这些活着的人虽然没有能力去调查清楚，但还是多做好事，少做坏事，万一有了地狱，我们也不用担心，死得也比较踏实。苏东坡就是带着这种心情离开人世的。苏东坡的弟弟苏辙在《亡兄子瞻端明墓志铭》中记载，苏东坡临死时对儿子们说：

> 吾生无恶，死必不坠。

苏东坡认为自己生前没有做过坏事，死后绝对不会坠入地狱，所以他是带着坦然、安详的心境告别人世的。

我们顺便讲一下佛教报应观的另一个作用：它能够把不合理的社会现象解释得合情合理——人们贵贱贫富的不同，是各自的"业"造成的。在不平等的社会现象中，又蕴含着平等的因素——各自都要为自己的言行负责。

（三）人事报应

宗教报应思想神秘幽邃，绝非我们这些凡夫俗子所能探根究底。但我们还是相信好有好报、恶有恶报，只不过这种报应是体现在人事方面而已。我们就以商鞅等人为例谈谈人事报应。

商鞅本名卫鞅，是卫国的贵族（卫鞅在秦国立功后，被封在商於这个地方，故又称商鞅）。由于卫国弱小，商鞅在卫国无法施展自己的政治抱负，于是他就到了魏国。商鞅在魏国结交了一位贵族朋友公子卬，但没有得到魏王的重用，于是他最终又到了秦国。商鞅在秦孝公的支持下，开始变法。他在秦国做了许多事情，据《史记·商君列传》记载，这里只介绍其中三件受到报应的事情。

第一件事情，惩罚太子："令行于民期年，秦民之国都言初令之不便者以千数。于是太子犯法。卫鞅曰：'法之不行，自上犯之。'将法太子。

太子，君嗣也，不可施刑。刑其傅公子虔，黥其师公孙贾。明日，秦人皆趋令。"商鞅刚刚变法时，遇到很大阻力，尤为棘手的是秦国太子也违反了商鞅的法令。为了顺利推行自己的新法，商鞅虽然无法直接治太子的罪，但惩罚了太子的两位老师——公子虔后来被割了鼻子（劓刑），公孙贾的脸上被刻上了字（黥刑）。

第二件事情，商鞅掌权之后，规定秦人外出住店，必须提供证件："商君之法，舍人无验者坐之。"如无证件而住店，连同店主人一起惩罚。

第三件事情，欺骗好友公子卬："卫鞅将而伐魏，魏使公子卬将而击之。军既相距，卫鞅遗魏将公子卬书曰：'吾始与公子欢，今俱为两国将，不忍相攻，可与公子面相见，盟，乐饮而罢兵，以安秦、魏。'魏公子卬以为然。会盟已，饮，而卫鞅伏甲士而袭虏魏公子卬。因攻其军，尽破之以归秦。魏惠王兵数破于齐、秦，国内空，日以削，恐，乃使使割河西之地献于秦以和。而魏遂去安邑（今山西运城），徙都大梁（今河南开封）。""兵不厌诈"这条原则，作为敌人，无论如何欺骗对方，都可以理解。但商鞅是盗用"友谊"，以朋友的身份去欺骗公子卬，此举的确让人不太容易接受："传曰：不仁之至忽其亲，不忠之至倍其君，不信之至欺其友。此三者，圣王之所杀而不赦也。"（《韩诗外传》卷一）商鞅在定盟的宴会上扣下朋友公子卬，袭击毫无防备的魏军，使魏国遭受了前所未有的打击，不得不割地迁都。商鞅就属于"不信之至欺其友"者。

后来这三件事情一一都得到了报应。

《史记·商君列传》记载："秦孝公卒，太子立。公子虔之徒告商君欲反，发吏捕商君。"秦孝公去世后，太子即位，即秦惠王。被商鞅伤害过的秦惠王、公子虔开始联合起来，反过来伤害商鞅了。商鞅得知消息后，就乘车外逃。当他人困马乏、欲住客店时，遇到了自己给自己出的第二个难题：

> 商君亡至关下，欲舍客舍。客人不知其是商君也，曰："商君之法，舍人无验者坐之。"商君喟然叹曰："嗟乎，为法之敝一至此哉！"

当商鞅人困马乏、准备住店的时候，不认识商鞅的店主人以商鞅没有证件为由而拒绝其住店，商鞅此时已经深切地感到陷入自己所编织的法网之中。然而更为可悲的是：

> 去之魏，魏人怨其欺公子卬而破魏师，弗受。商君欲之他国，魏人曰："商君，秦之贼。秦强而贼入魏，弗归，不可。"遂内秦。商君既复入秦，走商邑，与其徒属发邑兵北出击郑。秦发兵攻商君，杀之于郑黾池。秦惠王车裂商君以徇，曰："莫如商鞅反者！"遂灭商君之家。

商鞅已经逃到魏国边境，只要魏国人打开关门，商鞅就能安然无恙。然而魏人对这个出卖朋友的人恨之入骨，不仅不让他过关，而且还不许他逃往他国，以不敢得罪强秦为借口，直接出兵把他赶回秦国。商鞅走投无路，不得不接受车裂、灭族的酷刑。

商鞅不顾情理，一味唯利是图，不仅把自己及全家一步步送上了断头台，而且也为其后秦国的衰败埋下了伏笔，苏东坡曾经评论说："秦之所以见疾于民，如豺虎毒药，一夫作难而子孙无遗种，则鞅实使之。"（苏轼《东坡志林》卷五）除此，商鞅更是败坏社会风气、促使人们重权诈、轻道义的罪人。

在中国历史上，还有一件更为典型的因果报应的实例，这件事情发生在唐朝武则天时期。《新唐书·酷吏列传》记载：

> 兴（指酷吏周兴），少习法律，自尚书史积迁秋官侍郎，屡决制狱，文深峭，妄杀数千人。……天授中，人告子珣、兴与丘神勣谋反，诏来俊臣鞫状。初，兴未知被告，方对俊臣食，俊臣曰："囚多不服，奈何？"兴曰："易耳，内之大瓮，炽炭周之，何事不承？"俊臣曰："善。"命取瓮且炽火，徐谓兴曰："有诏按君，请尝之。"兴骇汗，叩头服罪。诏诛神勣而宥兴岭表，在道为仇人所杀。

周兴是唐朝著名的酷吏，制造了大量冤案，最后有人告发周兴谋反，武则天就派另一个酷吏来俊臣审理。来俊臣宴请周兴，对周兴说："最近有很多囚犯不肯认罪,不知您有什么方法让他们认罪?"周兴回答说:"要想让囚犯认罪很容易,把他们塞进大缸里,然后在大缸四周燃起炭火,那时候不管什么样的罪他们都会承认的。"于是来俊臣就让属下取来大缸,架上炭火,然后对周兴说:"皇上命令我审问你,请你进入大缸吧!"周兴知道万万不可进入此缸,惊恐得浑身冒汗,马上叩头认罪。这就是"请君入瓮"这一成语的出处。更具讽刺意味的是,周兴"断死,放流岭南。所破人家流者甚多,为雠家所杀"(《朝野金载》卷六)。意思是说,周兴掌权之时,制造的冤案很多,其中有不少人被他流放到岭南(今广东一带)。当周兴也被流放到岭南时,岭南的那些仇家听说自己的仇人也来了,便合谋报仇,所以当周兴还在流放岭南的途中,就被仇家派来的刺客杀死了。同样制造大量冤案的来俊臣的下场比周兴更为悲惨:"有诏斩于西市,年四十七,人皆相庆,曰:'今得背著床暝矣!'争抉目、摘肝、醢其肉,须臾尽,以马践其骨,无孑余,家属籍没。"(《新唐书·酷吏列传》)来俊臣被杀后,人们争相挖其眼,摘其肝,碎其肉,马踏其骨,连个尸首也没有留下来。

　　无数的历史事实告诉我们,无论是为人还是为己,都要做一个仁爱、宽容的好人。任何人都可以像司马迁那样,举出许多善未善报、恶未恶报的例子,但相对于整个人口数量看,那还属于个例,不足以推翻善恶有报这一因果定律。

　　上无常躁①,下无疑心②。轻上生罪③,侮下无亲④。近臣不重⑤,远臣轻之⑥。自疑不信人⑦,自信不疑人。枉士无正友⑧,曲上无直下⑨。危国无贤人⑩,乱政无善人。爱人深者求贤急,乐得贤者养人厚⑪。国将霸者士皆归,邦将亡者贤先避。

【注释】

①上无常躁：君主不要总是变化无常。上，指君主。理解为"上级"亦可。躁，动，变化无常。《广韵•号韵》："躁，动也。"

②下无疑心：臣下就不会产生猜疑之心。张商英在本句下注："躁动无常，喜怒不节；群情猜疑，莫能自安。"

③轻上生罪：轻视君主就会犯罪。文渊阁《四库全书》本作"轻上无罪"，《百子全书》本作"轻上生罪"，应以《百子全书》本为是。

④侮下无亲：轻易羞辱自己的下属，下属就不会与他亲近。

⑤近臣不重：君主身边的大臣得不到君主的尊重。把"重"理解为稳重、持重亦可。

⑥远臣：远离君主的大臣。指各地官员。

⑦自疑不信人：对自己缺乏信心的人，也不会相信别人。

⑧枉士无正友：邪恶之士不会有正直的朋友。枉，弯曲，不正直。

⑨曲上无直下：奸邪的君主不会有正直的臣下。上，君主。理解为上司亦可。

⑩危国无贤人：陷入危机的国家是因为没有贤人辅佐。张商英注："非无贤人、善人，不能用故也。"

⑪乐得贤者养人厚：乐于得到贤才的君主，给予贤人的待遇一定会丰厚。人，这里主要指贤人。关于"乐得贤者"的事例，详见"解读"。

【译文】

君主不要总是变化无常，臣下就不会产生猜疑之心。轻视君主、长上就会犯下罪过，轻易羞辱下属而下属就不会与他亲近。君主身边的大臣得不到君主的尊重，远离君主的地方官员就会轻视这些大臣。对自己缺乏自信心的人也不会相信他人，对自己充满自信的人也不会怀疑别人。邪恶之士不会有正直的朋友，奸邪的君主不会有正直的臣下。陷入危机的国家是因为没有贤人的辅佐，混乱的政局是因为没有善人的帮助。爱民深切的君主一定会急切求贤,乐于得到贤才的君主给予贤人的待遇一定会丰厚。国家将要兴旺称霸的时候,人才都会前来归附;国家将要衰败的时候,贤者先行隐退。

【解读】乐得贤者

一个国家,一个单位,其盛衰存亡的关键就在于能否得到人才,也就是古人说的"得士则昌,失士则凶"(《孔丛子·居卫》)。因此,领导者要以得到贤人为首务。《史记·鲁周公世家》记载周公对儿子伯禽的告诫:

> (周公)相成王,而使其子伯禽代就封于鲁。周公戒伯禽曰:"我文王之子、武王之弟、成王之叔父,我于天下亦不贱矣。然我一沐三捉发,一饭三吐哺,起以待士,犹恐失天下之贤人。子之鲁,慎无以国骄人。"

周公辅佐兄长周武王灭商建周,武王去世后,周公必须留在镐京(今陕西西安西北)辅佐年幼的侄子成王,于是就派儿子伯禽去管理自己的封地鲁国。临别前,周公告诫儿子说:"我是文王的儿子、武王的弟弟、成王的叔父,我在天下的地位,也不算低贱了。然而我洗一次头要三次握起头发,吃一顿饭要三次吐出正在咀嚼的食物,赶紧起身去接待贤士,即便如此我还担心会失去天下贤人。你到鲁国之后,千万不要因自己占有国土而在人前态度傲慢。"后来曹操还把这一典故写入诗中:"山不厌高,海不厌深。周公吐哺,天下归心。"(《短歌行》)明确把周公作为自己的榜样。因为重视人才,所以周公成功了,曹操也成功了。

如何对待贤人,与廉颇齐名的赵国名将赵奢与他只会纸上谈兵的儿子赵括就形成了鲜明的对比。《史记·廉颇蔺相如列传》记载,赵括除了缺乏军事实践经验之外,对待贤人的态度,与其父也大相径庭:

> 及括将行,其母上书言于王曰:"括不可使将。"王曰:"何以?"对曰:"始妾事其父,时为将,身所奉饭饮而进食者以十数,所友者以百数。大王及宗室所赏赐者,尽以予军吏士大夫,受命之日,不问家事。今括一旦为将,东向而朝,军吏无敢仰视之者;王所赐金帛,

归藏于家,而日视便利田宅可买者买之。王以为何如其父？父子异心,愿王勿遣。"

在赵括将要起程赴前线时,他母亲上书给赵王说:"不可以让赵括做将军。"赵王问:"为什么？"他母亲回答说:"当初我侍奉他父亲,那时他父亲是将军,亲自端着饭菜侍候吃喝的人有数十人,结交的朋友有数百人。大王和王族们赏赐的财物,全都分给军吏和僚属,从接受作战命令的当天起,就不再过问家事。如今赵括刚刚当了将军,就面向东接受将士朝见,军官们见他时战战兢兢,没有一个人敢抬头看他；大王赏赐的金银玉帛,他全部带回家收藏起来,还天天访查合适的田地、房产,可以买的都买了下来。大王您看他哪里像他父亲？父子两人的用心不同,希望大王不要派他带兵。"

赵奢尊重人才,谦恭下士,就像本章说的那样"乐得贤者养人厚",不惜金钱厚待将士,而赵括则反其道而行之,在人才面前傲慢无礼,惜金爱钱,薄待将士。所以,做父亲的赵奢成功了,做儿子的赵括一败涂地,成为千古笑柄。

　　地薄者大物不产①,水浅者大鱼不游；树秃者大禽不栖②,林疏者大兽不居③。山峭者崩④,泽满者溢⑤。弃玉取石者盲⑥,羊质虎皮者辱⑦。衣不举领者倒⑧,走不视地者颠⑨。柱弱者屋坏,辅弱者国倾⑩。足寒伤心⑪,人怨伤国。山将崩者下先隳⑫,国将衰者人先弊⑬。根枯枝朽,人困国残。与覆车同轨者倾⑭,与亡国同事者灭。

【注释】

①地薄者大物不产:贫瘠的土地,就长不出高大的植物。

②树秃者大禽不栖:光秃秃的树木,大的禽鸟就不会前来栖息。

③林疏者：稀疏的树林。

④山峭者崩：陡峭的山崖容易崩塌。

⑤泽满者溢：沼泽的水过多，就会漫溢出来。

⑥盲：盲人。这里指没有眼光。关于视美玉为顽石的例子及其喻义，详见"解读一"。

⑦羊质虎皮者辱：本质是一只羊却披着老虎的皮，一定会受到羞辱。事例详见"解读二"。

⑧衣不举领者倒：拿衣服时如果不提着衣领，衣服就会拿颠倒。

⑨颠：绊倒，跌倒。

⑩辅弱者国倾：辅佐大臣如果软弱无能，国家就会倾覆。

⑪足寒伤心：脚下受寒，就会伤及内脏。心，代指内脏。

⑫隳（huī）：毁坏，崩塌。

⑬人先弊：民众先困苦不堪。人，这里主要指民众。

⑭与覆车同轨者倾：与倾覆的车子走同一轨迹的车辆，也同样会倾覆。"与覆车同轨者倾"的事例，详见"解读三"。

【译文】

贫瘠的土地，就无法长出高大的植物；很浅的水域，就不会有大鱼来遨游；光秃秃的树木，就不会有大的禽鸟来栖息；稀疏的树林，就不会有大的禽兽来驻足。山崖太陡峭了就容易崩塌，沼泽的水过多就会漫溢出来。抛弃美玉而怀抱顽石的人就是盲人，本质是羊却披着虎皮的人就会受到羞辱。拿衣服时不提着衣领就会把衣服拿颠倒，走路时不观察地面就会被绊倒。梁柱太过细弱房屋就会倒塌，辅佐大臣软弱无能国家就会衰亡。脚下受寒就会伤及内脏，百姓抱怨就会伤及国家。大山将要崩坍的时候，首先坍塌的是山脚；国家将要衰败的时候，首先困窘的是普通民众。树根枯死了，枝条就会腐朽；百姓贫困了，国家就会受到损伤。与倾覆的车子走同一轨迹的车辆，也同样会倾覆；与灭亡的国家做相同的事情，也同样会灭亡。

【解读一】弃玉取石者盲

本章认为，抛弃美玉而怀抱顽石的人就是盲人。这当然只是一个比喻，比喻贤愚不分，是非颠倒。然而历史上真有玉石不分的玉工，更有贤愚颠倒的君主。关于这种情况，我们就从著名的和氏璧的问世谈起。《韩非子·和氏》记载：

> 楚人和氏得玉璞楚山中，奉而献之厉王。厉王使玉人相之，玉人曰："石也。"王以和为诳，而刖其左足。及厉王薨，武王即位。和又奉其璞而献之武王。武王使玉人相之，又曰："石也。"王又以和为诳，而刖其右足。武王薨，文王即位。和乃抱其璞而哭于楚山之下，三日三夜，泪尽而继之以血。王闻之，使人问其故，曰："天下之刖者多矣，子奚哭之悲也？"和曰："吾非悲刖也，悲夫宝玉而题之以'石'，贞士而名之以'诳'，此吾所以悲也。"王乃使玉人理其璞而得宝焉，遂命曰"和氏之璧"。

楚国人卞和在楚山（即荆山，在今湖北境内）中得到了一块璞（含有玉的石头），就把它献给了楚厉王。楚厉王派玉工去鉴定它，玉工说："这是块石头啊。"楚厉王认为卞和欺骗了自己，于是就处以刖刑而砍掉了卞和的左脚。楚厉王去世之后，楚武王登上了王位，卞和又把那块璞玉献给楚武王。楚武王让玉工来鉴定，玉工又说："这是块石头啊。"楚武王也认为卞和是在欺骗自己，于是又砍掉了卞和的右脚。楚武王去世后，楚文王即位，卞和便抱着那块璞玉在楚山脚下痛哭，整整哭了三天三夜，眼泪流干后接着又流出了鲜血。楚文王听说这件事情后，就派人去询问他痛哭的原因，对他说："天下被砍掉脚的人很多啊，你为什么会哭得这样伤心呢？"卞和说："我并不是因为被砍掉了脚而伤心，我伤心的是宝玉被人说成是石头，诚实的人被人说成是骗子，这才是我伤心的真正原因啊。"楚文王于是就派玉工加工那块璞玉，真的从中获取了宝玉，于是就把这块宝玉命名为"和氏之璧"。

认玉为石，不会有太严重的误国误民，如果君主在使用人才时，也出现"认玉为石"或"认石为玉"的情况，那就可能导致国家的衰亡。我们在前文提到过秦、赵之间的长平之战，赵孝成王就是把廉颇这块"玉"当作"石"，而把赵括这块"石"当成"玉"，导致了长平之败，四十万军队被坑杀，从此赵国走向衰败之路。可惜的是，三十年以后，到了赵孝成王的孙子赵王迁时，同样的悲剧又重新上演了一次。《史记·廉颇蔺相如列传》记载：

> 赵悼襄王元年，廉颇既亡入魏，赵使李牧攻燕，拔武遂、方城。居二年，庞煖破燕军，杀剧辛。后七年，秦破杀赵将扈辄于武遂，斩首十万。赵乃以李牧为大将军，击秦军于宜安，大破秦军，走秦将桓齮。封李牧为武安君。居三年，秦攻番吾，李牧击破秦军，南距韩、魏。
>
> 赵王迁七年，秦使王翦攻赵，赵使李牧、司马尚御之。秦多与赵王宠臣郭开金，为反间，言李牧、司马尚欲反。赵王乃使赵葱及齐将颜聚代李牧。李牧不受命，赵使人微捕得李牧，斩之。废司马尚。后三月，王翦因急击赵，大破杀赵葱，虏赵王迁及其将颜聚，遂灭赵。

赵国大将李牧北抗匈奴、燕，南拒韩、魏，西破秦军，为赵国立了大功，被封为武安君。奉命进攻赵国的秦国大将王翦，知道不除掉李牧，秦军在战场上很难取胜，于是就使用反间计。王翦派奸细进入赵国都城邯郸，用重金收买了赵王的宠臣郭开，让郭开散布流言蜚语，说什么李牧、司马尚（当时为李牧的副将）勾结秦军，准备背叛赵国。昏愦的赵王迁同乃祖一样，听信了这些谣言，立即派宗室赵葱和齐国投奔过来的颜聚去取代李牧和司马尚。信守"将在外，君命有所不受"的李牧，出于对军队的责任，拒绝接受这一命令。赵王就暗中布置圈套，捕杀了李牧，司马尚也被废弃不用。中了反间计、失去良将的赵国很快战败。三个月之后，王翦乘势急攻，赵葱战死，赵王和他的将军颜聚被俘，赵国灭亡。

可以说，是赵孝成王与赵王迁这两位"弃玉取石"的"盲人"，一步步把赵国推向了万劫不复的绝境。

【解读二】羊质虎皮者辱

本质是一只羊，却硬要披着一张老虎的皮以虚张声势，一定会受到羞辱。明末张岱的《夜航船·序》中记载了这么一件事情：

> 昔有一僧人，与一士子同宿夜航船。士子高谈阔论，僧畏慑，拳足而寝。僧人听其语有破绽，乃曰："请问相公，澹台灭明是一个人、两个人？"士子曰："是两个人。"僧曰："这等尧舜是一个人、两个人？"士子曰："自然是一个人！"僧乃笑曰："这等说起来，且待小僧伸伸脚。"

所谓"夜航船"，是指古时江南地区在夜晚运载旅客、货物的船只。人们夜间乘船，正是"卧谈会"的绝佳时机，学士村夫，三教九流，无不参与其中。有一次，一位僧人与一位读书人同坐一条夜航船。这位读书人高谈阔论，口若悬河，僧人对读书人十分敬畏，战战兢兢，缩着身子睡在一边，连腿都不敢伸开。但是慢慢地，僧人听出了这位读书人谈话的破绽，于是就试探着问道："请问相公，澹台灭明是一个人，还是两个人？"读书人答道："当然是两个人。"其实，澹台灭明是一个人，他是孔子的弟子，复姓澹台，名灭明。于是僧人又问："那么尧、舜是一个人，还是两个人呢？"读书人答道："自然是一个人！"僧人于是轻蔑地笑着说："如此说起来，也该让我伸伸腿啦。"

这位读书人胸无点墨，却把自己包裹在学问渊博这张虎皮之中，唬得僧人连腿都不敢伸开；当虎皮下的"羊质"暴露出来之后，僧人不仅伸开了自己的双腿，还在精神上居高临下地蔑视着这只被剥去虎皮的羊。

【解读三】与覆车同轨者倾，与亡国同事者灭

本章认为，与倾覆的车子走同一轨迹的车辆，也同样会倾覆；与灭亡的国家做相同的事情，也同样会灭亡。历史已经用事实证明了这些话语的正确性。在我们所掌握的史料中，古代敢于射天的君主有三个：

> 帝武乙无道，为偶人，谓之天神。与之博，令人为行。天神不胜，乃僇辱之。为革囊，盛血，印而射之，命曰"射天"。武乙猎于河

渭之间，暴雷，武乙震死。(《史记·殷本纪》)

(商纣王)杀人六畜，以韦为囊。囊盛其血，与人县而射之，与天帝争强。(《史记·龟策列传》)

君偃……盛血以韦囊，县而射之，命曰"射天"。……王偃立四十七年，齐湣王与魏、楚伐宋，杀王偃，遂灭宋而三分其地。(《史记·宋微子世家》)

帝武乙是商代后期的天子，商纣王是帝武乙的重孙，是商代的亡国暴君，宋王偃是商代天子后裔，是战国时期宋国的亡国之君，三人同属一个家族，真可谓"家风永固"。帝武乙敢于射天，结果在河渭(黄河与渭水交汇处)一带被雷电劈死。帝武乙虽然个人死了，但毕竟还把一个衰败的国家留了下来。商纣王是帝武乙的第三代孙，他也学着乃祖去射天，结果不仅本人自焚身亡，而且把整个商朝的天下也给弄丢了。代之而起的周王朝出于历代惯例与同情心，虽然把商朝灭了，但还是划了一块土地给商天子后代，这就是宋国。到了宋王偃的时候，他再次效仿先祖射天，这一次，不仅把自己的性命弄丢了，而且把商天子后裔的最后一块依托地也给弄丢了。

我们要说明的是，仅仅"射天"，是不会导致国破家亡的，如果站在今天的角度看，其中似乎还存在一丝值得赞许的"大无畏"精神。如果站在历史的角度看，这几位君主无法无天的行为是非常可怕的。从先秦的老庄、孔孟、墨子，到汉代的董仲舒等等，无不大谈天道、天命，其目的就是要用"天"去约束君主的言行，因为人们都知道，一个失去约束、又握有最高权力的君主，是一种潜在的、非常可怕的罪恶之源。事实也是如此，"帝武乙无道……殷益衰"(《史记·殷本纪》)，商纣王的劣行更是罄竹难书，宋王偃的行为不逊乃祖："自立为王。东败齐，取五城；南败楚，取地三百里；西败魏军，乃与齐、魏为敌国……淫于酒、妇人。群臣谏者辄射之。于是诸侯皆曰'桀宋'。""宋其复为纣所为，不可不诛。"(《史记·宋微子世家》)

三个君主干同样的事情，遭遇了同样的命运，这就无可怀疑地证明了本章"与覆车同轨者倾，与亡国同事者灭"的正确性。

见已生者慎将生①，恶其迹者须避之②。畏危者安，畏亡者存。夫人之所行，有道则吉，无道则凶。吉者，百福所归；凶者，百祸所攻。非其神圣③，自然所钟④。务善策者无恶事⑤，无远虑者有近忧⑥。

【注释】

①见已生者慎将生：看到已经发生的事情，就要警惕还将发生类似的事情。慎，谨慎，警惕。文渊阁《四库全书》本作"见已生慎将生"，据《百子全书》本及下一句"恶其迹者须避之"，"见已生"下应漏掉一"者"字。关于"见已生者慎将生"的事例，详见"解读"。

②恶（wù）其迹者须避之：讨厌某种足迹的人，一定要设法避开这种足迹。恶，讨厌。迹，足迹。比喻事情。

③神圣：神奇。这里指神奇的现象。

④自然所钟：自然而然发生的事情。钟，聚集。指上文说的百福聚集于有道之人，百祸聚集于无道之人。

⑤务善策者无恶事：努力策划善事的人就不会做出邪恶的事情。务，努力。

⑥无远虑者有近忧：如果没有长远的考虑，一定会发生眼前的忧患。《论语·卫灵公》："子曰：'人无远虑，必有近忧。'"

【译文】

看到已经发生的事情，就要警惕还会发生类似的事情；讨厌某种足迹的人，就一定要设法避开这种足迹。害怕危险的人，就能获得安全；担心灭亡的人，就能生存下来。人们的所作所为，符合大道就会吉祥，违背大道就会凶险。吉祥的人，各种福祉就会来到他的身边；凶险的人，各种灾祸就会前来伤害他。这并不是什么神奇的现象，而是自然而然发生的事情。努力策划善事的人，就不会做出邪恶的事情；如果没有长远的考虑，就一定会发生眼前的忧患。

【解读】见已生者慎将生

有一个家喻户晓的成语——"螳螂捕蝉，黄雀在后"，而《庄子·山木》中讲了一个比这一成语更为有趣、含义更为深刻的故事，用来说明"见已生者慎将生"的道理十分恰切：

> 庄周游于雕陵之樊，睹一异鹊自南方来者，翼广七尺，目大运寸，感周之颡而集于栗林。庄周曰："此何鸟哉！翼殷不逝，目大不睹。"蹇裳躩步，执弹而留之。睹一蝉，方得美荫而忘其身，螳螂执翳而搏之，见得而忘其形；异鹊从而利之，见利而忘其真。庄周怵然曰："噫！物固相累，二类相召也！"捐弹而反走，虞人逐而谇之。

有一天，庄子在雕陵山边游玩，突然看见一只奇鸟从南方飞来，这只奇鸟的翅膀有七尺宽，眼睛有一寸大，擦着庄周的额头飞了过去，然后落在栗树林里。庄周感到很奇怪："这是只什么鸟啊！翅膀那么大却飞不高，眼睛那么大却看不清。"于是就提起衣襟快步走上前去，拿着弹弓等待射击时机——庄子想吃这只鸟的肉了。此时庄子突然看到一只蝉，正躺在浓荫下享受着惬意的清凉，而忘记了自身的安全；一只螳螂用树叶作隐蔽物，准备捕捉这只蝉；这只螳螂见到可作美食的蝉，同样忘记了自身安危；而那只奇鸟紧紧跟随在螳螂的后面，也打算捕捉这只螳螂当美餐；奇鸟看到美餐，而忘记自己可以飞得高、看得清的天性，忽略了身后的庄子也同样在追杀自己，想把自己作为一顿美餐。庄周看到前面这些情形，突然惊醒过来，感叹说："哎呀！事物真是相互牵累啊，两种事物之间相互诱惑啊！"庄子马上就意识到自己身后可能也藏有危险，于是扔掉弹弓回头就跑。一位负责看守林木、不许人们随便进山的官员本想捉住庄子予以惩罚,没想到庄子突然醒悟,逃得太快,这位官员只好跟在庄子的后面边追边骂。

庄子就是看到了"已生者"——螳螂捕蝉,奇鸟在后,马上就"慎将生"——庄子捕鸟,虞人在后。因为庄子"慎"得及时,逃得迅速,才避免了一场受罚的损失与尴尬。

重^①,可使守固^②,不可使临阵;贪,可使攻取,不可使分阵^③;廉,可使守主^④,不可使应机^⑤。此五者^⑥,各随其才而用之。

【注释】

①重:稳重,持重。这里指性格稳重的人。文渊阁《四库全书》本有"重,可使守固……此五者,各随其才而用之"这段文字,而《百子全书》本没有这段文字。

②守固:即固守国土、城池。

③不可使分阵:不能分一支部队让他独自率领。分阵,指分开布阵,然后让贪功者独自率领一支部队去作战。因为如果让贪功者独自率军作战,往往会因为贪功冒进,导致失败。《文子·自然》:"贪者可令攻取,不可令分财。"

④守主:护卫君主。

⑤应机:随机应变。要想做到随机应变,有时需要玩弄一些手段,品德廉洁的人对此难以适应。

⑥五者:五种人。实际上只讲了"重""贪""廉"三种人。按照文渊阁《四库全书》本的分段法,"五者"除了"重""贪""廉"三种人之外,还包括上文提到的"务善策者"与"无远虑者"两种人。这种分段法导致文理不通,可见《百子全书》本没有这段文字,显得

更为正确。关于本段讲的用人问题，可详见"解读"。

【译文】

性格持重的人，可以让他固守城池，但不能让他上前线冲锋陷阵；性格贪功的人，可以让他去攻城略地，但不能分一支部队让他独自率领；性格廉洁的人，可以让他守护君主，但不能让他去做随机应变的事情。对于这五种不同性格的人，要根据他们各自不同的才能去使用他们。

【解读】各随其才而用之

用人问题，涉及国家生死存亡。究竟该如何使用人才，确实是考验领导者智慧的一件大事。古往今来的圣哲，都强调在用人时，不可求全责备，要因人而异，量才使用。《文子·自然》说：

老子曰："乘众人之智者，即无不任也；用众人之力者，即无不胜也。……故圣人举事，未尝不因其资而用之也。有一功者处一位，有一能者服一事。……圣人兼而用之，故人无弃人，物无弃材。"

圣人之所以能够善于使用众人的才能，是因为圣人不求备于一人，有什么样的才能，就给他安排什么样的职位。

人们的身体技能是不一样的，那么国家就要根据不同的身体技能去使用他们。《国语·晋语四》记载了春秋五霸之一的晋文公与大臣胥臣的一段对话，文公在询问如何用人时，胥臣认为"蘧蒢（不能弯腰的残疾人）不可使俯，戚施（驼背的人）不可使仰，僬侥（矮人）不可使举，侏儒（个子特别矮小的人）不可使援（抓举），矇瞍（盲人）不可使视，嚚瘖（哑人）不可使言，聋聩（聋人）不可使听，童昏（糊涂人）不可使谋"。晋文公进一步求教如何安排这几种人时，胥臣回答说："有关部门应该量才使用。弯不下腰的人，就把他们培养成头顶玉磬演奏的乐师；驼背的人，就把他们培养成敲钟的乐师；让身体特别矮小的人去学习爬木杆的杂技，让盲人学习音乐，让哑人负责看守篝火。对一些实在没有什么特长的人，可以让他们到边荒地区垦荒种地。"

根据每个人身体上的不同特征与技能，让每个人都能够在社会上找到合适的位置,使他们能够自食其力,这样于国于人都是有益的。

不仅每个人的身体技能不同,在精神方面(如品德、性格等)更是千差万别。如何根据每个人的不同品性去使用他们,《文子·自然》以用兵为例,讲了一段与本章类似的话:

> 故用兵者,或轻或重,或贪或廉,四者相反,不可一也。轻者欲发,重者欲止,贪者欲取,廉者不利非其有也。故勇者可令进斗,不可令持坚;重者可令固守,不可令凌敌;贪者可令攻取,不可令分财;廉者可令守分,不可令进取;信者可令持约,不可令应变。五者,圣人兼用而材使之。夫天地不怀一物,阴阳不产一类;故海不让水潦以成其大,山林不让枉挠以成其崇,圣人不辞其负薪之言以广其名。夫守一隅而遗万方,取一物而弃其余,则所得者寡而所治者浅矣。

这段话翻译出来就是:"善于用兵的人,其部下性格各异,有的轻率,有的持重,有的贪婪,有的廉洁,四种性格相反,无法统一。轻率的人总想出兵进攻,持重的人总想按兵不动,贪婪的人贪得无厌,廉洁的人不愿获取不属于自己的东西。因此要让轻率勇敢的人去冲锋陷阵,不可让他们去守城;让持重的人去守城,不可让他们去冲锋陷阵;让贪婪的人去攻城略地,不可让他们去分配财物;让廉洁的人去分配财物,不可让他们去攻城略地;让诚实的人去坚守盟约,不可让他们去应变。对于这五种人,圣人兼收并蓄,量才录用。阴阳创造万类,天地包容万物;因此大海不拒绝细小的流水而成就了自己的辽阔,高山不拒绝曲木小石而成就了自己的高大,圣人不拒绝卑贱者的忠告而成就了自己的英名。"轻率、贪婪,是人的性格缺陷,经常受到大家的批评,然而圣人却都能恰当地去使用他们,把他们的性格缺陷转化为有利于自己的优势。

在善于用人方面,唐太宗堪为表率,他说:"明君无弃士。不以一恶忘其善,勿以小瑕掩其功。割政分机,尽其所有。"他还说:

> 智者取其智,愚者取其力,勇者取其威,怯者取其慎。无智(愚)勇怯,兼而用之。(《帝范·审官篇》)

　　唐太宗不仅善于使用智者、勇者，就连那些愚者、怯者，也都能够在唐太宗那里找到适合自己的位置。关于如何根据不同品行、性格去使用人，我们看看陶朱公晚年的一件事情。

　　《史记·越王勾践世家》记载，范蠡功成身退之后，几经迁徙，最后隐居于陶（今山东菏泽定陶区），改名朱公。他在那里率领全家发家致富，史称"朱公"或"陶朱公"。陶朱公成为巨富之后，他的中子（第二个儿子）在楚国杀人被囚，陶朱公便派幼子带着千金前去营救。而长子认为，家中发生如此大事，应该身为老大的自己出面。最后，长子以死相求，陶朱公只好让长子前往楚国。

　　陶朱公让长子携带千金作为营救费用，并写了一封信给自己的老朋友庄生。陶朱公对长子说："你到了楚国，就把这千金与书信交给庄生，一切都听他的安排，千万不要与他发生争执。"长子为了营救弟弟，又把自己的数百金私房钱也带上了。

　　到了楚国后，长子找到庄生家，按照父亲的嘱咐，把千金与书信都交给了庄生。庄生对长子说："你可以尽快回家去了，不要留在楚国！等到你弟弟被释放了，你也不要询问释放的原因。"长子离开庄生家之后，并没有按照庄生的嘱咐离开楚国，而是用自己的五百金私房钱收买楚王身边的人。

　　庄生在楚国虽然无官无职，然而名声很大，楚王及大夫们都把他视为自己的老师。他接受陶朱公的千金，并非想占为己有，而是担心如果自己不接受，长子心里会不踏实。庄生计划在把事情办成之后再退还给陶朱公。所以长子走后，庄生对夫人说："这千金是陶朱公的，我如果突生疾病或发生其他意外，你也一定要把这千金还给陶朱公。"而陶朱公的长子并不明白庄生的用心，还以为庄生有点儿贪财。

　　庄生很快就找了个机会入宫拜见楚王，说："我夜观天象，发现天象对楚国十分不利。"楚王向来对庄生深信不疑，就请教说："那么我们该怎么办呢？"庄生说："只有尽快做一件对百姓有好处的事情，才能禳除这个不利的天象。"楚王说："先生先回去休息吧,我知道该怎么办了。"随后楚王就派使者去各地封存金库。楚王身边的人知道后,就告诉长子说："楚王就要颁布大赦令了,你放心吧。"长子问："您怎么知道的?"楚王身边人说："每次大王要颁布大赦令之前,都要先封金库。昨天晚上大王已经在派使者去封金库了。"长子不知道此事与庄生有关,以为楚国大赦,弟弟自然会被释放,这千金岂不是白白送给了庄生,于是他再次去见庄生。庄生看到长子,很吃惊,问道："你怎么还没有回去啊?"长子说："我一直留在楚国。我听说楚国就要颁布大赦令了,弟弟肯定会被释放,所以我今天来向您告辞。"庄生知道长子是想要回那一千金,于是就说："你自己到房间里去把那一千金拿走吧。"长子便入室取走黄金离开庄生,暗自庆幸千金失而复得。

　　庄生认为自己被这个小子给玩弄了,深感羞耻,于是就又入宫去见楚王,说："我上次给您说过天象之事,您说想做件好事来禳除这个天象。最近我在外面听到人们议论纷纷,说有位大富翁的儿子杀人后被楚国囚禁,他家拿出很多金钱贿赂大王身边的人,所以您并非是为了体恤楚国民众而实行大赦,而是因为这个大富翁的儿子才要颁布大赦令的。"楚王听后,大怒："我虽然无德,怎么会因为一个富翁的儿子在全国颁布大赦令呢!"于是楚王就下令先处死陶朱公中子,第二天才颁布大赦令。长子只得拉着弟弟的尸体回家了。

　　回到家后,母亲和乡邻们都为中子的死而十分悲痛,只有陶朱公笑着说："我本来就想到长子救不了他弟弟! 他不是不爱自己的弟弟,只是有点儿太爱惜金钱了。长子从小就与我一起艰苦创业,吃了不少苦头,知道生活的艰难,所以他把钱财看得很重,不敢轻易花钱。至于幼子呢,一来到世上就生活在富贵之中,乘豪车,驾良马,四处打猎游玩,根本不知道这些钱财从何处而来,所以把钱财看得极轻,挥霍起来也毫不吝惜。最初我之所以让幼子去,就是因为他舍得花钱,而长子却做不到这一点,所以最终害了自己的弟弟,这是很合乎情理的事情,不必再去伤心了。"

陶朱公就是根据长子与幼子的不同性格,去给他们安排不同的任务,就连挥霍金钱这一缺点也能派上用场,虽然最终功亏一篑,但从中不难看出陶朱公有量才用人的能力。

同志相得①,同仁相忧②,同恶相党③,同爱相求④。同美相妒⑤,同智相谋⑥,同贵相害⑦,同利相忌⑧。同声相应⑨,同气相感⑩,同类相依⑪,同义相亲⑫,同难相济⑬,同道相成⑭。同艺相规⑮,同巧相胜⑯。此乃数之所得⑰,不可与理违。

【注释】

①同志相得:志向一致的人,就会相处融洽。相得,相互投合,相处融洽。《周易·系辞上》:"二人同心,其利断金;同心之言,其臭如兰。"

②同仁相忧:仁德一样的人,就会相互担忧。也就是相互为对方操心。

③同恶相党:同样凶恶的人,就会相互勾结。党,朋党,相互勾结。《论语·卫灵公》:"子曰:'君子矜而不争,群而不党。'"孔子说:"君子态度庄重而不与人争执,团结别人而不相互勾结。"

④同爱相求:爱好相同的人,就会相互求访。相求,指在一起探索商讨,切磋技艺。

⑤同美相妒:长处相同的人,就会相互嫉妒。同美,一说指同样美丽的女子。实际上还是比喻具有同样长处的人。

⑥同智相谋:才智一样的人,就会相互图谋。也就是彼此都想压倒对方。《庄子·人间世》:"德荡乎名,知出乎争。名也者,相轧也;知(智)也者,争之器也。"

⑦同贵相害:地位同样高贵的人,就会相互伤害。"同贵相害"的事

例详见"解读一"。

⑧同利相忌：追求同样利益的人，就会相互忌恨。比如做同一行生意的人，一定会相互排挤，也就是人们常说的"同行是冤家"。

⑨同声相应：声音相同的，就会相互呼应。如鸟鸣鸟应，马嘶马应。比喻物以类聚，人以群分，同类的人相互呼应，相互帮助。《周易·乾卦·文言》："九五曰：'飞龙在天，利见大人。'何谓也？子曰：'同声相应，同气相求；水流湿，火就燥；云从龙，风从虎。……则各从其类也。'"

⑩同气相感：气质相同的，就会相互感应。感，感应，应答。事例详见"解读二"。

⑪同类相依：同类的事物，就会相互依赖。

⑫同义相亲：主张相同的人，就会相亲相爱。义，原则，主张。文渊阁《四库全书》本作"同气相亲"，《百子全书》本句作"同义相亲"，考虑到前文已有"同气相感"，因此本句应以《百子全书》本为是。

⑬同难相济：遇到同样的困难，就会相互救助。《孔丛子·论势》："吴、越之人，同舟济江，中流遇风波，其相救如左右手者，所患同也。"吴国人与越国人是世仇，如果让他们同坐一条船渡过长江，当船只行至江中间的时候，突遇大风大浪，那么他们就会像亲兄弟一样团结起来对付风浪，因为他们遇到了同样的困难。

⑭同道相成：原则相同的人，就会相互成就。道，原则，主张。事例详见"解读三"。

⑮同艺相规（kuī）：有同样技艺的人，就会相互窥探。目的是为了窥探对方的技术秘密与商业秘密。规，通"窥"。窥视，窥探。一说，"规"是批评、伤害的意思。张商英注："李醯之贼扁鹊，逢蒙之恶后羿是也。规者，非之也。"李醯是战国时期秦国的太医令，自知医术不如扁鹊，因而刺杀了扁鹊。逢蒙是夏代人，他跟随后

羿学习射箭，因嫉妒后羿的射术，于是杀害后羿。

⑯同巧相胜：技巧相同的人，就会相互争胜。

⑰数之所得：情理所形成的。数，情理，必然性。

【译文】

志向一致的人，就会相处融洽；仁德一样的人，就会相互为对方操心；同样凶恶的人，就会相互勾结；爱好相同的人，就会相互求访；长处相同的人，就会相互嫉妒；才智一样的人，就会相互图谋；地位同样高贵的人，就会相互伤害；追求同样利益的人，就会相互忌恨；声音相同的，就会相互呼应；气质相同的，就会相互感应；同类的事物，就会相互依赖；主张相同的人，就会相亲相爱；遇到同样的困难，就会相互救助；原则相同的人，就会相互成就。有同样技艺的人，就会相互窥探；技巧相同的人，就会相互争胜。这种现象是情理所自然形成的，人们很难改变这些现象。

【解读一】同贵相害

本章认为，地位同样高贵的人，其权利交集最为复杂，为了争权夺利，往往会引起彼此之间的争斗。战国时期的大军事家吴起就在这方面吃了败仗。《史记·孙子吴起列传》记载：

> 公叔为相，尚魏公主，而害吴起。公叔之仆曰："起易去也。"公叔曰："奈何？"其仆曰："吴起为人节廉而自喜名也。君因先与武侯言曰：'夫吴起贤人也，而侯之国小，又与强秦壤界，臣窃恐起之无留心也。'武侯即曰：'奈何？'君因谓武侯曰：'试延以公主，起有留心则必受之，无留心则必辞矣。以此卜之。'君因召吴起而与归，即令公主怒而轻君。吴起见公主之贱君也，则必辞。"于是吴起见公主之贱魏相，果辞魏武侯。武侯疑之而弗信也。吴起惧得罪，遂去，即之楚。

魏武侯的时候，任命公叔出任自己的国相，公叔还娶了魏君的女儿为妻，但公叔十分担心魏国将军吴起随时会取而代之。公叔的一位仆人就出主意说："想把吴起赶出魏国很容易。"公叔问："怎么办？"那个仆人说："吴起为人有骨气而且还喜好名誉、声望。您可以先找个机会对武侯说：'吴起是位贤能的人，而您的国土太小了，又和强大的秦国接壤，我个人有点担心吴起没有长期留在魏国的打算。'那么武侯就会问您：'那该怎么办呢?'您就趁机对武侯说：'请用下嫁公主给他的办法去试探他，如果吴起有长期留在魏国的想法，就一定会答应娶公主；如果没有长期留在魏国的想法，他就一定会推辞。用这个办法能够推测出他的真实想法。'然后您找个机会请吴起一起到自己家里，故意让公主发怒而当面鄙视您，吴起看到公主如此蔑视您，他就一定不会答应娶公主了。"正如这位仆人所言，吴起看到公主如此蔑视国相，果然婉言谢绝了魏武侯让他娶公主的建议。于是武侯就怀疑吴起，不再信任他了。吴起怕招来灾祸，就离开魏国，随即到楚国去了。一位百战百胜的军事家竟然就这样被自己的政治对手不动声色地赶出了魏国政坛。

类似的将相不和的事件也发生在齐国，结果同样是将败而相胜。齐威王在位时，成侯驺忌为相，田忌为将，两人关系不睦，于是驺忌就在公孙阅的协助下，施展阴谋，把田忌赶出了齐国。《史记·田敬仲完世家》记载：

> 公孙阅又谓成侯忌曰："公何不令人操十金卜于市，曰：'我田忌之人也。吾三战而三胜，声威天下。欲为大事，亦吉乎? 不吉乎?'"卜者出，因令人捕为之卜者，验其辞于王之所。田忌闻之，因率其徒袭攻临淄，求成侯，不胜而奔。

一位名叫公孙阅的谋士对成侯驺忌说："您为什么不派个心腹拿十金（二十两黄金为一金）到街上去找人占卜，就对占卜的人说：'我是田忌派来的人。我们三战三胜，声威满天下。我们现在想要做件大事，不知是吉利呢，还是不吉利?'"等派去问卜的心腹走了以后，您就派人逮捕为他占卜的占卜师，把他押送到威王那里去对证他们占卜的内容。田忌听说这件事情之后，就率领部下袭击临淄，目的是要逮捕成侯驺忌，结果打输了，田忌只好逃出了齐国。

【解读二】同气相感

古人认为"同声相应,同气相求"(《周易·乾卦·文言》),无论是自然界还是人类之间,都存在一种"同气相感"的关系。

我们先介绍自然界的"同气相感"。《世说新语·文学》刘孝标的注记载:

> 《东方朔传》曰:"孝武皇帝时,未央宫前殿钟无故自鸣,三日三夜不止。诏问太史待诏王朔,朔言:'恐有兵气。'更问东方朔,朔曰:'臣闻铜者,山之子;山者,铜之母。以阴阳气类言之,子母相感,山恐有崩弛者,故钟先鸣。《易》曰:"鸣鹤在阴,其子和之。"精之至也。其应在后五日内。'居三日,南郡太守上书言山崩,延袤二十余里。"

汉武帝时,未央宫前殿的铜钟无故自鸣,三日三夜不止。武帝就向太史王朔询问其中的缘故,王朔回答说:"恐怕要发生战乱了吧。"武帝又去询问东方朔,东方朔回答说:"我听说,铜是山的孩子(铜矿出自山),山是铜的母亲。按照阴阳二气形成万物的理论去推理,孩子与母亲之间具有相互感应的关系,我估计可能是某地的山崩塌了,所以铜钟才会无故自鸣。《周易》说:'鹤鸟在树荫下鸣叫,小鹤在旁边跟着鸣叫应和。'五日之内大概就会有消息了。"过了三天,南郡(今湖北荆州一带)太守上书,说南郡那里的山崩塌了,崩塌的面积有方圆二十余里。

在自然界,因为山与铜属于同一性质的事物,而且还可以说存在母子关系,所以山崩会引起钟鸣。不仅无意识的山与钟之间具有感应的关系,有意识的鸟类更是具有相互感应的关系,这就是《周易》说的"鸣鹤在阴,其子和之"。

既然自然界的事物存在感应关系,那么人作为大自然的产物,毫无疑问,同样存在感应关系。据说元代的郭守正将二十四位古人尽孝的事迹辑录成书,曾子就是其中的一位:

> 周曾参,字子舆,事母至孝。参尝采薪山中,家有客至。母无

措,望参不还,乃啮其指。参忽心痛,负薪而归,跪问其故。母曰:
"有急,客至,吾啮指以悟汝尔。"(《二十四孝》)

周代(曾参生活的春秋属于东周时期)的孔子弟子曾参对母亲非常孝敬,有一次,他进山打柴,家里来了客人,母亲不知该如何招待,等待曾参而曾参又迟迟未归,于是母亲就咬了自己的手指,山中的曾参突然感到心口疼,知道是母亲在召唤自己,于是马上背着柴草赶回家中。这就是历史上有名的"啮指痛心"的故事,这个故事主要说明曾参与母亲血肉相连的深厚情感。到了后来,人们就根据这类故事得出一个结论,亲人之间存在着一种休戚与共的心灵感应关系。这种心灵感应关系是否真实存在,只能靠我们每个人自己去体验与认证。

【解读三】同道相成

本章认为,原则与志向相同的人,就会相互成就。最典型的例子就是西汉初期的萧何与曹参,两人之间虽有矛盾,但萧何举荐曹参接替自己继任宰相,而曹参则忠实遵循萧何的治国政策。他们俩因为志同道合,相互成就,为文景盛世的到来做好了铺垫。

曹参早年跟随汉高祖刘邦起兵反秦,身经百战,屡建战功。刘邦统一天下之后,论功行赏时,曹参功居第二,赐爵平阳侯,并任命曹参为齐国相国。而没有亲历战场的萧何却功居第一,任汉朝相国。对此,曹参与许多战将甚为不满,于是刘邦就有了一段关于"功人"与"功狗"的评说:

高帝曰:"诸君知猎乎?"曰:"知之。""知猎狗乎?"曰:"知之。"高帝曰:"夫猎,追杀兽兔者狗也,而发踪指示兽处者人也。今诸君徒能得走兽耳,功狗也。至如萧何,发踪指示,功人也。"(《史记·萧相国世家》)

汉高祖刘邦问诸将:"诸位知道打猎的事情吗?"诸将回答:"知道。"刘邦又问:"你们知道猎狗的作用吗?"诸将答道:"知道。"刘邦说:"打猎的时候,追赶扑杀野兽兔子的是猎狗,而能够发现野兽踪迹向猎狗指示野兽所在之处的是猎人。如今诸位只是能够追赶扑杀野兽,不过是有功的猎狗而已。至于萧何，他能够发现野兽踪迹，指示追赶方向，是有功的猎人。""功狗"自然不如"功人"，曹参自然不如萧何。

但萧、曹两人毕竟是志同道合之人，虽然在论功行赏的问题上有所龃龉，但萧何在临死之前，却毫不犹豫地推荐曹参接任自己的相国一职：

> 何素不与曹参相能，及何病，孝惠自临视相国病，因问曰："君即百岁后，谁可代君者？"对曰："知臣莫如主。"孝惠曰："曹参何如？"何顿首曰："帝得之矣！臣死不恨矣！"（《史记·萧相国世家》）

萧何与曹参向来关系不和，到萧何病重时，汉惠帝亲自去探望相国的病情，向他请教说："您百年之后，谁可以接替您的职位？"萧何回答说："了解臣下的莫过于君主。"汉惠帝接着问："曹参这个人怎么样？"萧何叩头说："皇上您找到合适的人选了！我死而无憾了！"不仅萧何举荐了曹参，而且曹参也知道萧何要举荐自己："惠帝二年，萧何卒。参闻之，告舍人趣治行：'吾将入相。'居无何，使者果召参。"（《史记·曹相国世家》）两位可以说是心有灵犀。

曹参担任汉朝相国之后，对于萧何制定的各项制度、法令更是亦步亦趋。《史记·曹相国世家》记载：

> （曹参）日夜饮醇酒。卿大夫已下吏及宾客见参不事事，来者皆欲有言。至者，参辄饮以醇酒，间之，欲有所言，复饮之，醉而后去，终莫得开说，以为常。相舍后园近吏舍，吏舍日饮歌呼。从吏恶之，无如之何，乃请参游园中，闻吏醉歌呼，从吏幸相国召按之。乃反取酒张坐饮，亦歌呼与相应和。……（曹参）曰："陛下自察圣武孰与高帝？"上曰："朕乃安敢望先帝乎！"曰："陛下观臣能孰与萧何贤？"上曰："君似不及也。"参曰："陛下言之是也。且高帝与萧何定天下，法令既明，今陛下垂拱，参等守职，遵而勿失，不亦可乎？"惠帝曰："善。君休矣！"参为汉相国，出入三年。卒……百姓歌之曰："萧何为法，顜若画一；曹参代之，守而勿失。载其清靖，民以宁一。"

曹参担任汉朝相国后，整天痛饮美酒。卿大夫以下的官吏和宾客们见曹参不理政事,就想有所劝谏。这些来劝谏的人刚到,曹参就马上拿出美酒让他们饮用。曹参暗中观察着这些人,只要他们想开口,曹参就再让他们喝酒,一直让他们喝到醉醺醺地离开时,也没有找到劝谏的机会,如此大家也就习以为常了。相国府的后园靠近官吏的宿舍,官吏们在宿舍里整天饮酒歌唱,大呼小叫。曹参的属下官员很厌恶此事,可又无可奈何,于是就请曹参到后园游玩,目的是想让曹参听到官吏们醉酒高歌、大呼小叫的声音,希望曹参能够制止他们。没想到曹参反而也命人取来美酒、陈设座席痛饮起来,并且也高歌呼叫,与那些官吏们相互应和。汉惠帝对曹参不理政事也感到奇怪,曹参就对汉惠帝说:"陛下您自己仔细考虑一下,在圣明英武方面,您和高祖谁更强一些?"惠帝说:"我怎么敢跟先帝相比呢!"曹参说:"陛下再看我与萧何谁更贤能一些?"惠帝说:"您好像不如萧何。"曹参说:"陛下说得很对。高祖与萧何平定了天下,制定了明确的法令,如今陛下只管打扮整齐端坐在那里,我们臣下谨守各自的职责,遵循原有法度而不随意更改,不就可以了吗?"惠帝说:"说得好。您休息休息吧!"曹参做汉朝相国,前后有三年时间。他死了以后,百姓们颂扬萧何与曹参说:"萧何制定法令,非常明确划一;曹参代之为相,恪守而不改变。曹参清净无为,百姓安宁不乱。"

司马迁在《史记·曹相国世家》里总结说:"参始微时,与萧何善;及为将相,有郤。至何且死,所推贤唯参。参代何为汉相国,举事无所变更,一遵萧何约束。"萧何与曹参的关系就是本章"同道相成"这一道理的形象化说明。

释己而教人者逆①,正己而化人者顺②。逆者难从,顺者易行;难从则乱,易行则理。详体而行③,理身、理家、理国④,可也!

【注释】

①释己而教人者逆：放任自己而去教育别人，别人肯定不会听从。释，放开，放任。逆，叛逆，不听从。

②正己而化人者顺：先端正自我然后再去教化别人，别人一定会服从。化，教化。关于"正己而化人者顺"的道理及事例，详见"解读一"。

③详体而行：仔细体会以上道理并付诸实践。行，实行，实践。关于"详体而行，理身、理家、理国，可也"数句，《百子全书》本作"如此理身、理家、理国，可也"。

④家：家庭。先秦时期，大夫的封地也叫"家"。关于"理身、理家、理国"的关系，详见"解读二"。

【译文】

放任自己而去教育别人，别人肯定不会听从；先端正自我然后再去教化别人，别人一定会服从。不听从就很难接受教育的内容，如果服从就容易推行自己的教化理念；难以接受教育内容就会引起动乱，容易推行教化理念一切就会有条有理。仔细体会这些道理并付诸实践，以此修养身心、管理家庭、治理国家，都是可以的！

【解读一】正己而化人者顺

道家的创始人老子说："故圣人云：'我无为，而民自化；我好静，而民自正；我无事，而民自富；我无欲，而民自朴。'"（《道德经》五十七章）儒家的创始人孔子也说："其身正，不令而行；其不正，虽令而不从。"（《论语·子路》）在中国古代，几乎所有人都认为，一个社会的风气好坏，民众的品德高低，关键取决于领导者。有关这方面的论述极多，我们择其要者，罗列数条：

季康子问政于孔子曰："如杀无道，以就有道，何如？"孔子对曰："子为政，焉用杀？子欲善，而民善矣。君子之德风，小人之德草；草上之风，必偃。"（《论语·颜渊》）

吴王好剑客，百姓多创瘢；楚王好细腰，宫中多饿死。（《后汉书·马援列传》）

上有所好，下必甚焉。（《资治通鉴》卷二百二）

季康子是鲁国的执政大臣，有一次他向孔子请教政事说："如果采用杀死那些无道坏人的方法，以促使人们去遵循道义，如何？"孔子回答说："您治理国政，为什么要用杀戮的手段呢？只要您喜欢善良的品德，百姓就会变得善良起来。治国者的品德就像风一样，而百姓的品德就像草一样。草遇上了风，一定会随风倒伏。"像这类的言论极多。这就提醒统治者，当自己的臣民在品行方面出现问题时，不必去责怪他们，而应该首先在自己身上找原因。关于这方面的实例，我们仅举一个：

齐桓公好服紫，一国尽服紫。当是时也，五素不得一紫。桓公患之，谓管仲曰："寡人好服紫，紫贵甚，一国百姓好服紫不已，寡人奈何？"管仲曰："君欲止之，何不试勿衣紫也？谓左右曰：'吾甚恶紫之臭。'于是左右适有衣紫而进者，公必曰：'少却，吾恶紫臭。'"公曰："诺。"于是日，郎中莫衣紫；其明日，国中莫衣紫；三日，境内莫衣紫也。（《韩非子·外储说左上》）

齐桓公喜欢穿紫色衣服，于是全国臣民都跟着喜欢穿紫色衣服，结果导致紫色衣服价格飞涨，五匹白色布都换不到一匹紫色布。齐桓公对此忧心忡忡，就对管仲说："我喜欢穿紫色衣服，紫色衣料就变得特别昂贵，全国民众都喜欢穿紫色衣服，而且没完没了，我该怎么办呢？"管仲说："您如果想制止这种现象，为什么不试着自己先不穿紫色衣服呢？您就告诉身边人说：'我非常讨厌紫色衣服的气味。'如果此时有穿紫色衣服的侍从走到您跟前，您一定要对他说：'你往后退一点，我讨厌紫色衣服的气味。'"齐桓公说："好。"就在当天，宫中的郎中没有谁再去穿紫色衣服了；到了第二天，都城中就没有人再去穿紫色衣服了；到了第三天，齐国整个境内就没有人再去穿紫色衣服了。

【解读二】关于"理身、理家、理国"的关系

儒家主张修身、齐家(先秦时期,家庭与大夫封地皆可称"家")、治国、平天下,认为齐家与治国具有密不可分的关系,对此,我们也非常赞成。然而也有不少古人认为二者之间没有必然联系:

> 杨朱见梁王,言治天下如运诸掌然,梁王曰:"先生有一妻一妾不能治,三亩之园不能芸,言治天下如运诸手掌,何以?"杨朱曰:"臣有之。君不见夫羊乎?百羊而群,使五尺童子荷杖而随之,欲东而东,欲西而西;君且使尧牵一羊,舜荷杖而随之,则乱之始也。臣闻之,夫吞舟之鱼不游渊(《列子》作"不游枝流"),鸿鹄高飞不就污池,何则?其志极远也。……将治大者不治小,成大功者不小苛,此之谓也。"(《说苑·政理》)

杨朱拜见梁王(即魏国君主),说自己治理天下就好像在手掌里把玩小物件一样容易,梁王质疑说:"您连自己的一个妻子一个侍妾都没有领导好,连自己的三亩菜园子也没能打理好,却说治理天下就好像在手掌里把玩小物件一样容易,您的凭据是什么?"杨朱回答说:"我确实没有把自己的家庭管理好。但您没有看见过放羊的人吗?一百只羊的羊群,让身材不高的小孩子拿着一根牧羊棍儿跟在后面,想让它们去东边它们就去东边,想让它们去西边它们就去西边。如果让圣明的尧牵着一只羊走在前面,让圣明的舜拿着一根牧羊棍儿跟在羊的后面,这样做整个社会就会乱套了。我听说,可以吞下一只船的大鱼,不会在小河沟里游动;翱翔天际的天鹅,不会聚集在臭水沟里。为什么呢?因为它们的志向是远大的。……要处理大事情的人不会去理会一些小细节,要成大功业的人不会去做一些小事情,讲的就是这个道理啊。"杨朱把齐家与治国二者截然分开。

在东汉,还有一个志扫天下、不扫一屋的故事,《后汉书·陈蕃列传》记载:

> (陈)蕃年十五,尝闲处一室,而庭宇芜秽。父友同郡薛勤来候

之,谓蕃曰:"孺子何不洒扫以待宾客?"蕃曰:"大丈夫处世,当扫除天下,安事一室乎!"

陈蕃是一位正直的官员,当他十五岁的时候,闲居在一处房子里,前面的庭院一片荒芜。他父亲的朋友、同郡人薛勤前来看望他,对陈蕃说:"你为什么不把庭院、房子打扫干净以迎接客人呢?"陈蕃回答说:"大丈夫生于人世间,应当扫除整个天下,怎么能够去扫除一间房子呢!"陈蕃的志向是远大的,而且在此后的政治生涯中也曾盛极一时,然而却无甚建树,最终死于他人之手,所以宋人章颖评价说:

陈蕃不事一室而欲扫除天下,吾知其无能为矣。(《宋人轶事汇编》卷十八)

一室之不扫,何以扫天下! 一个连自己都管理不好的人,哪有能力去管理天下! 实际上,理家与治国具有许多相似之处,《颜氏家训·治家》说:

笞怒废于家,则竖子之过立见;刑罚不中,则民无所措手足。治家之宽猛,亦犹国焉。

颜之推说:"一个家庭,如果不用体罚、斥责等手段,那么孩子们马上就会干出许多荒唐事来;一个国家,如果刑罚使用不恰当,那么百姓就会无所适从。治理一个家庭的措施是宽松还是严厉,与治理一个国家的措施是一样的。"颜之推这里仅仅就其一端而言,除了刑罚,在其他许多方面,理家与治国的道理都是相通的。一个家庭混乱的人,自诩能够把国家治理得井然有序,是绝对不可信的。

右第六章,言安而履之之谓礼①。

【注释】

①履:履行,遵循。这段文字见《百子全书》本,文渊阁《四库全书》本没有这段文字,而是把"安而履之之谓礼"作为张商英的注,放

　　在本章标题之下:"注曰:安而履之之谓礼。"

【译文】

以上为第六章,主要讲人们应该安心遵循的就是礼制。

四库全书本《素书》原文

（附宋·张商英注）

原始章第一

注曰：道不可以无始。

夫道、德、仁、义、礼，五者一体也。

注曰：离而用之则有五，合而浑之则为一；一之所以贯五，五所以衍一。

道者，人之所蹈，使万物不知其所由。

注曰：道之衣被万物，广矣，大矣。一动息，一语默，一出处，一饮食，大而八纮之表，小而芒芥之内，何适而非道也？

仁不足以名，故仁者见之谓之仁；智不足以尽，故智者见之谓之智；百姓不足以见，故日用而不知也。

德者，人之所得，使万物各得其所欲。

　　注曰：有求之谓欲。欲而不得，非德之至也。求于规矩
者，得方圆而已矣。求于德者，无所欲而不得。君臣父
子得之，以为君臣父子；昆虫草木得之，以为昆虫草木。
大得以成大，小得以成小。迩之一身，远之万物，无所欲
而不得也。

仁者，人之所亲，有慈惠恻隐之心，以遂其生成。

　　注曰：仁之为体，如天，天无不覆；如海，海无不容；如雨
露，雨露无不润。慈惠恻隐，所以用仁者也。非亲于天
下而天下自亲之。无一夫不获其所，无一物不获其生。
《书》曰："鸟兽鱼鳖咸若。"《诗》曰："敦彼行苇，牛羊勿
践。"履其仁之至也。

义者，人之所宜，赏善罚恶，以立功立事。

　　注曰：理之所在，谓之义；顺理决断，所以行义。赏善罚
恶，义之理也；立功立事，义之断也。

礼者，人之所履，夙兴夜寐，以成人伦之序。

　　注曰：礼，履也。朝夕之所履践，而不失其序者，皆礼
也。言、动、视、听，造次必于是，放、僻、邪、侈，从何而
生乎？

夫欲为人之本，不可无一焉。

　　注曰：老子曰："失道而后德，失德而后仁；失仁而后义，

失义而后礼。"失者,散也。道散而为德,德散而为仁;仁散而为义,义散而为礼。五者未尝不相为用,而要其不散者,道妙而已。老子言其体,故曰:"礼者,忠信之薄,而乱之道。"黄石公言其用,故曰:"不可无一焉。"

贤人君子,明于盛衰之道,通乎成败之数,审乎治乱之势,达乎去就之理。

注曰:盛衰有道,成败有数;治乱有势,去就有理。

故潜居抱道,以待其时。

注曰:道犹舟也,时犹水也;有舟楫之利,而无江河以行之,亦莫见其利涉也。

若时至而行,则能极人臣之位;得机而动,则能成绝代之功。如其不遇,没身而已。

注曰:养之有素,及时而动;机不容发,岂容拟议者哉?

是以其道足高,而名重于后代。

注曰:道高则名垂于后而重矣。

正道章第二

注曰:道不可以非正。

德足以怀远,

注曰：怀者，中心悦而诚服之谓也。

信足以一异，义足以得众，

注曰：有行有为，而众人宜之，则得乎众人矣。

才足以鉴古，明足以照下，此人之俊也。

行足以为仪表，智足以决嫌疑，信可以使守约，廉可以使分财，此人之豪也。

注曰：嫌疑之际，非智不决。

守职而不废，

注曰：孔子为委吏乘田之职是也。

处义而不回，

注曰：迫于利害之际，而确然守义者，此不回也。

见嫌而不苟免，

注曰：周公不嫌于居摄，召公则有所嫌也。孔子不嫌于见南子，子路则有所嫌也。居嫌而不苟免，其惟至明乎！

见利而不苟得，此人之杰也。

注曰：俊者，峻于人也；豪者，高于人；杰者，杰于人。有德、有信、有义、有才、有明者，俊之事也。有行、有智、有信、有廉者，豪之事也。至于杰，则才行足以明之矣。然杰胜于豪，豪胜于俊也。

求人之志章第三

注曰:志不可以妄求。

绝嗜禁欲,所以除累。

注曰:人性清净,本无系累;嗜欲所牵,舍己逐物。

抑非损恶,所以禳过。

注曰:禳,犹祈禳而去之也。非至于无,抑恶至于无损过,可以无禳尔。

贬酒阙色,所以无污。

注曰:色败精,精耗则害神;酒败神,神伤则害精。

避嫌远疑,所以不误。

注曰:于迹无嫌,于心无疑,事不误尔。

博学切问,所以广知。

注曰:有圣贤之质,而不广之以学问,弗勉故也。

高行微言,所以修身。

注曰:行欲高而不屈,言欲微而不张。

恭俭谦约,所以自守。深计远虑,所以不穷。

注曰:管仲之计,可谓能九合诸侯矣,而穷于王道;商鞅之计,可谓能强国矣,而穷于仁义;弘羊之计,可谓能聚财矣,而穷于养民;凡有穷者,俱非计也。

亲仁友直,所以扶颠。

　　注曰:闻誉而喜者,不可以得友也。

近恕笃行,所以接人。

　　注曰:极高明而道中庸,圣贤之所以接人也。高明者,圣人之所独;中庸者,众人之所同也。

任材使能,所以济务。

　　注曰:应变之谓材,可用之谓能。材者,任之而不可使;能者,使之而不可任,此用人之术也。

弹恶斥谗,所以止乱。

　　注曰:谗言恶行,乱之根也。

推古验今,所以不惑。

　　注曰:因古人之迹,推古人之心,以验方今之事,岂有惑哉?

先揆后度,所以应卒。

　　注曰:执一尺之度,而天下之长短尽在是矣。仓卒事物之来,而应之无穷者,揆度有数也。

设变致权,所以解结。

注曰:有正、有变、有权、有经。方其权,有所不能行,则变而归之于正也;方其经,有所不能用,则权而归之于经也。

括囊顺会,所以无咎。

注曰:君子语默以时,出处以道;括囊而不见其美,顺会而不发其机,所以免咎。

橛橛梗梗,所以立功。孜孜淑淑,所以保终。

注曰:橛橛者,有所持而不可摇;梗梗者,有所立而不可挠。孜孜者,勤之又勤;淑淑者,善之又善。立功莫如有守,保终莫如无过也。

本德宗道章第四

注曰:言本宗不可以离道德。

夫志心笃行之术:长莫长于博谋,

注曰:谋之欲博。

安莫安于忍辱,

注曰:至道旷夷,何辱之有?

先莫先于修德,

注曰:外以成物,内以成己,修德也。

乐莫乐于好善,神莫神于至诚,

注曰:无所不通之谓神。人之神与天地参,而不能神于
天地者,以其不至诚也。

明莫明于体物,

注曰:《记》曰:"清明在躬,志气如神。"如是,则万物之
来,其能逃吾之照乎?

吉莫吉于知足。

注曰:知足之吉,吉之又吉。

苦莫苦于多愿,

注曰:圣人之道,泊然无欲。其于物也,来则应之,去则
无系,未尝有愿也。

古之多愿也,莫如秦皇、汉武。国则愿富,兵则愿强;功
则愿高,名则愿贵;宫室则愿华丽,姬嫔则愿美艳;四夷
则愿服,神仙则愿致。

然而,国愈贫,兵愈弱;功愈卑,名愈钝;卒至于所求不
获,而遗恨狼狈者,多愿之所苦也。

夫治国者,固不可多愿。至于贤人养身之方,所守其可
以不约乎!

悲莫悲于精散,

注曰:道之所生之谓一,纯一之谓精,精之所发之谓神。
其潜于无也,则无生无死,无先无后,无阴无阳,无动

无静。

其合于形也，则为明、为哲、为智、为识。血气之品，无不禀受。正用之，则聚而不散；邪用之，则散而不聚。

目淫于色，则精散于色矣；耳淫于声，则精散于声矣；口淫于味，则精散于味矣；鼻淫于臭，则精散于臭矣。散之于已，岂能久乎？

病莫病于无常，

注曰：天地所以能长久者，以其有常；人而无常，其不病乎？

短莫短于苟得，

注曰：以不义得之，必以不义失之；未有苟得而能长也。

幽莫幽于贪鄙，

注曰：以身殉物，暗莫甚焉。

孤莫孤于自恃，

注曰：桀纣自恃其才，智伯自恃其强，项羽自恃其勇，王莽自恃其智，元载卢杞自恃其狡，自恃则气骄于外，而善不入耳；不闻善，则孤而无助，及其败，天下争从而亡之。

危莫危于任疑，

注曰：汉疑韩信而任之，而信几叛；唐疑李怀光而任之，而怀光遂逆。

败莫败于多私。

> 注曰：赏不以功，罚不以罪；喜佞恶直，亲党远正；小则结匹夫之怨，大则激天下之怒：此多私之所败也。

遵义章第五

> 注曰：遵而行之者，义也。

以明示下者暗，

> 注曰：圣贤之道，内明外晦。惟不足于明者，以明示下，乃其所以暗也。

有过不知者蔽，

> 注曰：圣贤无过可知；贤人之过，造形而悟；有过不知，其愚蔽甚矣！

迷而不返者惑，

> 注曰：迷于酒者，不知其伐吾性也。迷于色者，不知其伐吾命也。迷于利者，不知其伐吾志也。人本无迷惑者，自迷之矣！

以言取怨者祸，

> 注曰：行而言之，则机在我而祸在人；言而不行，则机在人而祸在我。

令与心乖者废，

　　注曰：心以出令，令以行心。

后令缪前者毁，

　　注曰：号令不一，心无信而事毁弃矣！

怒而无威者犯，

　　注曰：文王不大声以色，四国畏之。故孔子曰：不怒而民
　　威于斧钺。

好直辱人者殃，

　　注曰：己欲沽直名，而置人于有过之地，取殃之道也！

戮辱所任者危，

　　注曰：人之云亡，危亦随之。

慢其所敬者凶，

　　注曰：以长幼而言，则齿也；以朝廷而言，则爵也；以贤愚
　　而言，则德也。三者皆可敬，而外敬则齿也、爵也，内敬则
　　德也。

貌合心离者孤，亲谗远忠者亡，

　　注曰：谗者，善揣摩人主之意；而忠者，惟逆人主之过。
　　谗者合意多悦，逆意者多怒；此子胥杀而吴亡、屈原放而
　　楚灭是也。

近色远贤者惛，女谒公行者乱，

注曰：太平公主、韦庶人之祸是也。

私人以官者浮，

注曰：浅浮者，不足以胜名器，如牛仙客为宰相之类是也。

凌下取胜者侵，名不胜实者耗。

注曰：陆贽曰："名近于虚，于教为重；利近于实，于义为轻。"然则，实者所以致名，名者所以权实。名实相资，则不耗匮矣。

略己而责人者不治，自厚而薄人者弃。

注曰：圣人常善救人，而无弃人；常善救物，而无弃物。自厚者，自满也。非仲尼所谓"躬自厚"之厚也。自厚而薄人，则人将弃废矣。

以过弃功者损，群下外异者沦，

注曰：措置失宜，群情隔塞，阿谀并进。人人异心，求不沦亡，不可得也。

既用不任者疏，

注曰：用贤不任，则失士心。此管仲所谓"害霸"也。

行赏吝色者沮，

注曰：色有靳吝，有功者沮，项羽之刓印是也。

多许少与者怨，

> 注曰：失其本望。

既迎而拒者乖。

> 注曰：刘璋迎刘备而反拒之，是也。

薄施厚望者不报，

> 注曰：天地不仁，以万物为刍狗；圣人不仁，以百姓为刍
> 狗。覆之、载之，含之、育之，非责其报也。

贵而忘贱者不久。

> 注曰：道足于己者，贵贱不足以为荣辱；贵亦固有，贱亦
> 固有。惟小人骤而处贵，则忘其贱，此所以不久也。

念旧而弃新功者凶，

> 注曰：切齿于睚眦之怨，眷眷于一饭之恩者，匹夫之量。
> 有志于天下者，虽仇必用，以其才也；虽怨必录，以其功
> 也。汉高祖侯雍齿，录功也；唐太宗相魏郑公，用才也。

用人不得正者殆，强用人者不畜，

> 注曰：曹操强用关侯，而终归刘备，此不畜也。

为人择官者乱，失其所强者弱，

> 注曰：有以德强者，有以人强者，有以势强者，有以兵强
> 者。尧舜有德而强，桀纣无德而弱；汤武得人而强，幽厉

失人而弱。周得诸侯之势而强,失诸侯之势而弱;唐得府兵而强,失府兵而弱。其于人也,善为强,恶为弱;其于身也,性为强,情为弱。

决策于不仁者险,

注曰:不仁之人,幸灾乐祸。

阴计外泄者败,厚敛薄施者凋。

注曰:凋,削也。文中子曰:"多敛之国,其财必削。"

战士贫、游士富者衰;

注曰:游士鼓其颊舌,惟幸烟尘之会;战士奋其死力,专骈疆场之虞。富彼贫此,兵势衰矣!

货赂公行者昧;

注曰:私昧公,曲昧直也。

闻善忽略,记过不忘者暴;

注曰:暴则生怨。

所任不可信,所信不可任者浊。

注曰:浊,溷也。

牧人以德者集,绳人以刑者散。

注曰:刑者,原于道德之意,而恕在其中;是以先王以刑

辅德,而非专用刑者也。故曰:"牧之以德则集,绳之以
刑则散也。"

小功不赏,则大功不立;小怨不赦,则大怨必生。赏不
服人,罚不甘心者叛。

　　注曰:人心不服则叛也。

赏及无功,罚及无罪者酷。

　　注曰:非所宜加者,酷也。

听谗而美,闻谏而仇者亡。能有其有者安,贪人之有
者残。

　　注曰:有吾之有,则心逸而安身。

安礼章第六

　　注曰:安而履之之谓礼。

怨在不舍小过,患在不预定谋。福在积善,祸在积恶。

　　注曰:善积则致于福,恶积则致于祸;无善无恶,则亦无
祸无福矣。

饥在贱农,寒在惰织。安在得人,危在失士。富在迎
来,贫在弃时。

　　注曰:唐尧之节俭,李悝之尽地力,越王勾践之十年生

聚,汉之平准,皆所以迎来之术也。

上无常躁,下无疑心。

　　注曰:躁静无常,喜怒不节;群情猜疑,莫能自安。

轻上无罪,侮下无亲。

　　注曰:轻上无礼,侮下无恩。

近臣不重,远臣轻之。

　　注曰:淮南王言去平津侯如发蒙耳。

自疑不信人,

　　注曰:暗也。

自信不疑人。

　　注曰:明也。

枉士无正友,

　　注曰:李逢吉之友,则八关十六子之徒也。

曲上无直下。

　　注曰:元帝之臣则弘恭、石显是也。

危国无贤人,乱政无善人。

　　注曰:非无贤人、善人,君不能用故也。

爱人深者求贤急，乐得贤者养人厚。

　　注曰：人不能自爱，待贤而爱之；人不能自养，待贤而养之。

国将霸者士皆归，

　　注曰：赵杀鸣犊，故夫子临河而返。

邦将亡者贤先避。

　　注曰：若微子去商、仲尼去鲁是也。

地薄者大物不产，水浅者大鱼不游；树秃者大禽不栖，林疏者大兽不居。

　　注曰：此四者，以明人之浅则无道德、国之浅则无忠贤也。

山峭者崩，泽满者溢。

　　注曰：此二者，明过高、过满之戒也。

弃玉取石者盲，

　　注曰：有目与无目同。

羊质虎皮者辱。

　　注曰：有表无里，与无表同。

衣不举领者倒，

　　注曰：当上而下。

走不视地者颠。

　　注曰：当下而上。

柱弱者屋坏，辅弱者国倾。

　　注曰：材不胜任，谓之弱。

足寒伤心，人怨伤国。

　　注曰：夫冲和之气，生于足，而流于四肢，而心为之君，气
　　和则天君乐，气乖则天君伤矣。

山将崩者下先隳，国将衰者人先弊。

　　注曰：自古及今，生齿富庶，人民康乐，而国衰者，未之
　　有也。

根枯枝朽，人困国残。

　　注曰：长城之役兴，而秦国残矣！汴渠之役兴，而隋国
　　残矣！

与覆车同轨者倾，与亡国同事者灭。

　　注曰：汉武欲为秦皇之事，几至于倾；而能有终者，末年
　　哀痛自悔也。桀纣以女色而亡，而幽之褒姒同之。汉以
　　阉宦亡，而唐之中尉同之。

见已生者慎将生，恶其迹者须避之。

　　注曰：已生者，见而去之也；将生者，慎而消之也。恶其

迹者，急履而恶蹄，不若废履而无行。妄动而恶知，不若绌心而无动。

畏危者安，畏亡者存。夫人之所行，有道则吉，无道则凶。吉者，百福所归；凶者，百祸所攻。非其神圣，自然所钟。

注曰：有道者，非己求福，而福自归之；无道者，畏祸愈甚，而祸愈攻之。岂其有神圣为之主宰？乃自然之理也。

务善策者无恶事，无远虑者有近忧。

重，可使守固，不可使临阵；贪，可使攻取，不可使分阵；廉，可使守主，不可使应机。此五者，各随其才而用之。

同志相得，

注曰：舜有八元、八凯，汤则伊尹，孔子则颜回是也。

同仁相忧，

注曰：文王之闳、散，微子之父师、少师，周旦之召公，管仲之鲍叔也。

同恶相党，

注曰：纣之臣亿万，跖之徒九千是也。

同爱相求。

注曰：爱利，则聚敛之臣求之；爱武，则谈兵之士求之。爱勇，则乐伤之士求之；爱仙，则方术之士求之；爱符瑞，则矫诬之士求之。凡有爱者，皆情之偏、性之蔽也。

同美相妒，

注曰：女则武后、韦庶人、张良娣是也。男则赵高、李斯是也。

同智相谋，

注曰：刘备、曹操，翟让、李密是也。

同贵相害，

注曰：势相轧也。

同利相忌。

注曰：害相刑也。

同声相应，同气相感，

注曰：五行、五气散于万物，自然相感。

同类相依，同气相亲，同难相济，

注曰：六国合纵而拒秦，诸葛亮通吴以敌魏。非有仁义存焉，特同难耳。

同道相成。

注曰：汉承秦后，海内凋敝，萧何以清静涵养之。何将亡，念诸将俱喜功好动，不足以知治道。惟曹参在齐，尝治盖公、黄老之术，不务生事，故引参以代相。

同艺相规，

　　注曰：李醯之贼扁鹊，逢蒙之恶后羿是也。规，非之也。

同巧相胜。

　　注曰：公输子九攻，墨子九拒是也。

此乃数之所得，不可与理违。

　　注曰：自"同志"下所行所可预知。智者知其如此，顺理则行之，逆理则违之。

释己而教人者逆，正己而化人者顺。

　　注曰：教者以言，化者以道。老子曰："法令滋彰，盗贼多有。"教之逆者也。"我无为，而民自化；我无欲，而民自朴。"化之顺者也。

逆者难从，顺者易行；难从则乱，易行则理。

　　注曰：天地之道，简易而已；圣人之道，简易而已。顺日月而昼夜之，顺阴阳而生杀之，顺山川而高下之：此天地之简易也。顺边陲而外之，顺中国而内之，顺君子而爵之，顺小人而役之，顺善恶而赏罚之，顺九土之宜而赋敛之，顺人伦而序之：此圣人之简易也。夫乌获非不力也，执牛之尾而使之欲行，则终日不能步寻丈；及以环桑之枝贯其鼻，三尺之绹縻其颈，童子服之，风于大泽，无所不至者，盖其势顺也。

详体而行，理身、理家、理国，可也！

　　注曰：小大不同，其理一也。

附录二

《史记·留侯世家》

（汉）司马迁

【题解】

《史记》的作者是汉代史学家司马迁。全书一百三十篇，是我国第一部纪传体史书。记事起自黄帝，止于汉武帝，首尾共计三千余年。留侯，指张良。按照正史记载，张良是黄石公唯一的弟子，在辅佐刘邦平定天下之后，被封为留侯。世家，大致说来，司马迁把记载诸侯王的传记叫"世家"。《留侯世家》主要记载了张良一生的言行，其中保存了最原始的关于黄石公的事迹。

留侯张良者①，其先韩人也②。大父开地③，相韩昭侯、宣惠王、襄哀王④。父平，相釐王、悼惠王⑤。悼惠王二十三年⑥，平卒⑦。卒二十岁，秦灭韩。良年少，未宦事韩⑧。韩破，良家僮三百人⑨，弟死不葬，悉以家财求客刺秦王⑩，为韩报仇，以大父、父五世相韩故⑪。

【注释】

①留侯:张良的封号。留,地名。一在今江苏沛县东南,一在今河南偃师西南。张良所封的留指前者,即今江苏沛县一带。侯,爵位名。先秦时期,爵位分公、侯、伯、子、男五等,侯为第二等。西汉时期,侯是仅次于王的爵位。

②韩:战国七雄之一的韩国(前403—前230),与魏国、赵国合称"三晋"。国君为姬姓,韩氏,属于周王族。韩国君主是晋国大夫韩武子的后代。韩国地域在今河南中部及山西东南部一带。

③大父:祖父。开地:张良祖父的名字。

④相:宰相。这里用作动词,当宰相。韩昭侯:韩懿侯之子,战国时期韩国君主,前362—前333年在位。宣惠王:韩国君主,前332—前312年在位。襄哀王,韩国君主。前311—前296年在位。

⑤釐(xī)王:前295—前273年在位。悼惠王:又称"桓惠王"。前272—前239年在位。

⑥悼惠王二十三年:即前250年。

⑦卒:去世。

⑧宦事韩:在韩国做官。宦,做官。事,事奉,做官。

⑨僮(tóng):奴仆。

⑩悉:全部。客:刺客。秦王:指秦始皇。

⑪以大父、父五世相韩故:因为祖父、父亲连续当宰相辅佐了韩国五代君主的缘故。五世,指韩昭侯、宣惠王、襄哀王、釐王、悼惠王五代君主。

【译文】

　　留侯张良,他的先辈是韩国人。祖父名叫开地,做过韩昭侯、宣惠王、襄哀王的宰相。父亲名叫平,做过釐王、悼惠王的宰相。韩悼惠王即位的第二十三年,父亲平去世。张良的父亲去世后二十年,秦国灭掉了韩国。张良当时年龄还小,没有在韩国做官。韩国灭亡之后,张良家的奴仆有三百人,弟弟去世后也不厚葬,用全部财产寻求刺客去刺杀秦始皇,要为韩国报仇,这是因为他的祖父、父亲连续当宰相辅佐了韩国五代君主的缘故。

　　良尝学礼淮阳①,东见仓海君②。得力士,为铁椎重百二十斤③。秦皇帝东游,良与客狙击秦始皇博浪沙中④,误中副车⑤。秦皇帝大怒,大索天下⑥,求贼甚急⑦,为张良故也。良乃更名姓⑧,亡匿下邳⑨。

【注释】

①尝:曾经。淮阳:地名。在今河南周口淮阳区。

②仓海君:人名。生平不详。一说为秦时东夷秽貊国的一位君主,一说为假托的人名。

③为铁椎(chuí):造了一个大铁锤。《墨子·备城门》:"长椎,柄长六尺,头长尺。"

④狙(jū)击:埋伏在隐蔽处伺机袭击敌人。博浪沙:古地名。又名"博狼沙"。位于今河南原阳东南,现名古博浪沙。

⑤副车:皇帝的随从车辆。

⑥大索:大规模地搜捕。索,寻找,搜捕。

⑦贼:杀人者。这里指刺客。

⑧良乃更名姓:张良就改名换姓。更,改变。《史记索引》:"按:王符、皇甫谧并以良为韩之公族,姬姓也。秦索贼急,乃改姓名。"按照这一说法,张良这个家族与韩国君主为同一家族,姓姬,为了躲避秦始皇的搜捕,才改名为"张良"。

⑨亡匿下邳(pī):逃到下邳隐藏起来。亡,逃亡。匿,隐藏。下邳,地名。在今江苏邳州。

【译文】

张良曾经在淮阳学习礼制,又到东边去拜会过仓海君。他找到一位大力士,造了个一百二十斤重的大铁锤。秦始皇到东边巡游时,张良就与这位大力士在博浪沙这个地方袭击了秦始皇,结果误中了随从车辆。秦始皇极为恼怒,在全国进行大规模搜捕,非常紧急地追捕刺客,这都是因为张良的缘故。张良于是就改名换姓,逃到下邳躲藏了起来。

良尝闲从容步游下邳圮上①,有一老父②,衣褐③,至良所④,直堕其履圮下⑤,顾谓良曰⑥:"孺子⑦,下取履!"良鄂然⑧,欲殴之。为其老,强忍,下取履。父曰:"履我⑨!"良业为取履⑩,因长跪履之⑪。父以足受⑫,笑而去。良殊大惊⑬,随目之⑭。

【注释】

①步游:徒步游玩,散步。圮(yí):桥梁。

②老父:老人。父,对男性老人的尊称。

③衣(yì):动词。穿。褐:古代穷人穿的粗布衣。

④至良所:走到张良身边。所,处所,地方。

⑤直堕其履(lǚ)圮下:故意把自己的鞋子弄掉到桥下。直,特意,故意。履,鞋子。

⑥顾:回头看,看着。

⑦孺子:孩童,小子。

⑧鄂然:惊讶的样子。鄂,通"愕"。惊讶。然,……的样子。

⑨履我:给我把鞋子穿上。履,这里用作动词,穿鞋。

⑩业:已经。

⑪长跪:即跪在地上,挺直上身。

⑫父以足受:老人把脚伸出来让张良为他穿上鞋子。这一动作体现了老人故作傲慢,以此考验张良。

⑬殊:很,非常。

⑭随目之:目送着老人。

【译文】

张良曾经于闲暇的时候在下邳的一座桥上漫步游玩,有一位老人,穿着粗布衣服,走到张良身边,故意把自己的鞋子弄掉到了桥下,他看着张良说:"小子,下去把鞋子捡上来!"张良听后十分惊讶,很想揍他一顿,因为见他年龄实在太大,就勉强忍下怒气,下去把鞋子捡了上来。老人说:"给我把鞋子穿上!"张良既然已经替他把鞋子捡了上来,于是就跪着又替他穿上鞋子。老人把脚伸出来让张良为他穿上鞋子,然后笑着离开了。张良极为吃惊,就目送着离去的老人。

父去里所①,复还,曰:"孺子可教矣。后五日平明②,与我会此。"良因怪之,跪曰:"诺③。"五日平明,良往。父已先在,怒曰:"与老人期④,后⑤,何也?"去,曰:"后五日早会。"五日鸡鸣,良往,父又先在,复怒曰:"后,何也?"去,曰:"后五日复早来。"五日,良夜未半往。有顷⑥,父亦来,喜曰:"当如是⑦。"出一编书⑧,曰:"读此则为王者师矣。后十年兴⑨。十三年孺子见我济北⑩,穀城山下黄石即我矣⑪。"遂去⑫,无他言,不复见。旦日视其书⑬,乃《太公兵法》也⑭。良因异之,常习诵读之。

【注释】

①里所:一里左右的地方。

②平明:天刚亮,拂晓。

③诺:表示同意的应答声。

④期:约会。

⑤后:落在后面,迟到。

⑥有顷:过了一会儿。

⑦当如是:应该如此。是,此。

⑧出一编书:拿出一本书。编,用来穿连竹简的皮条或绳子。《史记集解》:"徐广曰:'编,一作"篇"。'"

⑨兴:兴起。这里指可以出来干一番大事业。

⑩十三年孺子见我济北:十三年以后,小子可以在济北看到我。济北,秦统一后所置的三十六郡之一,在原齐国境内,郡治博阳(故城在今山东泰安)。

⑪穀城山:山名。在今山东平阴西南。西汉时属济北郡固寇县。《水经注》卷八:"(济水)又北过穀城县西。济水侧岸有尹卯垒,南去鱼山四十余里,是穀城县界。故《春秋》之小穀城也。齐桓公以鲁庄公二十三年城之,邑管仲焉,城内有夷吾井。《魏土地记》曰:县有穀城山,山出文石,阳穀之地也。《春秋》,齐侯、宋公会于阳穀者也。县有黄山台。黄石公与张子房期处也。"

⑫遂:于是,就。去:离开。

⑬旦日:第二天天亮。旦,天明。

⑭《太公兵法》:兵书名。相传为商、周之交时姜太公所撰。《史记正义》:"《七录》云:'《太公兵法》一秩三卷。太公,姜子牙,周文王师,封齐侯也。'"

【译文】

老人走了一里路左右,又返了回来,说:"你这个孩子值得教导啊。五天以后天亮时,与我在这里见面。"张良觉得这件事很奇怪,就跪下说:"好的。"五天以后天刚亮,张良就到了那里。老人已经先在那里等着,生气地说:"跟老人约会,反而迟到,为什么呢?"老人走了,临走时说："五天以后早点来见面。"五天以后公鸡刚打鸣,张良就去了,老人又先在那里等着,又一次生气地说:"你又迟到了,这是为什么呢?"老人走了,临走时又说:"五天后再早一点儿来。"五天以后,张良不到半夜就到了。过了一会儿,老人也来了,高兴地说:"应当像这个样子。"老人拿出一本书,说:"读了这本书就可以做帝王的老师了。十年以后你就可以出去干一番大事业了。十三年以后,你小子在济北可以见到我,穀城山下的那块黄石头就是我。"说完就走了,没有再讲别的话,从此也没有再见到这位老人。天明时张良看了老人送的这本书,原来是《太公兵法》。张良因此觉得这本书非同寻常,于是就经常学习、诵读它。

居下邳,为任侠^①。项伯常杀人^②,从良匿^③。

【注释】

①为任侠:为人行侠仗义。任,任性,意气用事。

②项伯:生年不详,卒于前192年,名缠,字伯,楚国下相(今江苏宿迁)人,西楚霸王项羽的叔父。常:通"尝"。曾经。

③从良匿:逃到张良那里躲藏起来。这也是项伯后来愿意帮助张良的原因。

【译文】

张良住在下邳时,为人行侠仗义。项伯曾经杀了人,就逃到张良那里躲藏起来。

后十年,陈涉等起兵^①,良亦聚少年百余人。景驹自立为楚假王^②,在留。良欲往从之,道遇沛公^③。沛公将数千人^④,略地下邳西^⑤,遂属焉^⑥。沛公拜良为厩将^⑦。良数以《太公兵法》说沛公^⑧,沛公善之,常用其策。良为他人言,

158 素书

皆不省⑨。良曰："沛公殆天授⑩。"故遂从之，不去见景驹。

【注释】

①陈涉（？—前208）：即秦朝末年农民起义领袖陈胜，字涉，阳城（今河南登封东南）人。秦二世元年（前209），陈胜与吴广率领戍卒发动大泽乡（今安徽宿州）起义，建立张楚政权，后来陈胜被秦将章邯击败，为自己的车夫庄贾所害，葬于芒砀山。

②景驹（？—前208）：楚国贵族。前208年，陈胜被害之后，他的部下秦嘉拥立景驹为楚王。原楚国贵族项梁借口景驹、秦嘉背叛陈胜，击杀秦嘉，景驹则在出逃到梁地后死亡。假王：代理楚王。假，非正式的。

③道遇沛公：半道上遇到沛公刘邦。沛公，指刘邦。刘邦刚刚起兵时，因起兵地点在他的家乡沛（今江苏沛县），故号为沛公。

④将：动词。率领。

⑤略地：攻占土地。略，掠夺，占领。

⑥遂属焉：于是便归附于刘邦。遂，于是。焉，代指刘邦。

⑦厩（jiù）将：官名。负责车马等后勤事务的将领。

⑧数（shuò）：屡次，多次。说（shuì）：游说，劝说。

⑨省（xǐng）：懂得，明白。

⑪沛公殆天授：沛公大概是上天授予人间的圣贤。殆，大概，可能。本句也可以理解为"沛公的才华大概是上天授予的"。

【译文】

十年之后，陈胜等人起兵反秦，张良也召集了一百多个年轻人响应。当时景驹自立为代理楚王，驻扎在留。张良打算前去归附他，却在半道遇见了沛公刘邦。沛公率领几千军队，在下邳以西地区攻占土地，于是张良就归附了沛公。沛公任命张良为厩将。张良多次依据《太公兵法》中的策略向沛公献计献策，沛公十分赏识张良，经常采用他的计谋。张良对别人讲这些策略,但别人都无法领悟。张良说:"沛公大概是上天授予人间的圣贤。"因此张良就跟随了沛公,没有再去见景驹。

  及沛公之薛①,见项梁②。项梁立楚怀王③。良乃说项梁曰:"君已立楚后④,而韩诸公子横阳君成贤⑤,可立为王,益树党⑥。"项梁使良求韩成,立以为韩王。以良为韩申徒⑦,与韩王将千余人西略韩地,得数城,秦辄复取之⑧,往来为游兵颍川⑨。

【注释】

①之:到。薛:地名。在今山东滕州一带。

②项梁(?—前208):生年不详,下相(今江苏宿迁)人,是楚国名将项燕之子,西楚霸王项羽的叔父。后起兵响应陈胜,为秦将章邯所袭杀。

③楚怀王:历史上有两个楚怀王,一是战国时期的楚怀王熊槐(?—前296),被骗入秦国,最终客死于秦。二是楚怀王熊槐之孙熊心(?—前205),楚国灭亡后,熊心隐匿民间为人牧羊。项梁起兵后,顺应楚国民众对熊槐的同情,立熊心为楚怀王,以从民望。秦亡之后,项羽佯尊熊心为义帝,徙之于长沙郴县(今湖南郴州),暗中令人杀害义帝。这里的楚怀王指熊心。

④楚后:楚王的后代。指熊心。

⑤韩诸公子:韩国的诸位公子。横阳君成:韩成,姬姓,韩氏,名成,韩国君主的后裔,被封为横阳君,由张良扶立为韩王,称韩王成。灭秦后,项羽以韩王成无军功、张良助汉为借口,将韩王成带至彭城,废为侯,又杀之。

⑥益树党:增加自己的同盟者。益,增加。党,同盟者。

⑦申徒：即司徒。官名，掌管教化、土地，有时也掌管军队。《史记集解》："徐广曰：'即司徒耳，但语音讹转，故字亦随改。'"

⑧秦辄复取之：秦军随即又夺了回去。辄，随即，马上。

⑨游兵：四处游击的军队。颍川：郡名。治所在阳翟（今河南禹州）。辖境约当今河南许昌、郑州南部、平顶山东部、漯河一带。

【译文】

沛公到了薛地之后，见到项梁。项梁拥立了楚怀王。张良于是劝说项梁："您已经拥立了楚王的后人，而在韩国各位公子中，横阳君韩成最为贤能，可以把他立为韩王，以此来增加我们的同盟者。"项梁就派遣张良寻找到韩成，把他立为韩王。项梁任命张良为韩国司徒，与韩王一起率领一千多人向西攻取韩国原来的领土，张良占领了几座城池，但很快又被秦军夺了回去，韩国军队只能在颍川一带来回游击作战。

沛公之从雒阳南出轘辕①，良引兵从沛公，下韩十余城②，击破杨熊军③。沛公乃令韩王成留守阳翟④，与良俱南，攻下宛⑤，西入武关⑥。沛公欲以兵二万人击秦峣下军⑦，良说曰："秦兵尚强，未可轻。臣闻其将屠者子⑧，贾竖易动以利⑨。愿沛公且留壁⑩，使人先行，为五万人具食⑪，益为张旗帜诸山上⑫，为疑兵⑬，令郦食其持重宝啗秦将⑭。"秦将果畔⑮，欲连和俱西袭咸阳⑯，沛公欲听之。良曰："此独其将欲叛耳，恐士卒不从。不从必危，不如因其解击之⑰。"沛公乃引兵击秦军，大破之。逐北至蓝田⑱，再战⑲，秦兵竟败⑳。遂至咸阳，秦王子婴降沛公㉑。

【注释】

①雒阳：地名。即今河南洛阳。轘（huán）辕：关塞名。在今河南偃

师东南嵩山山脉中。

②下：攻下，占领。韩：指韩国境内。

③杨熊（？—前207）：秦朝将领。秦二世三年（前207），杨熊与刘邦军交战，连续战败，退守荥阳，秦二世派使者斩杨熊。

④阳翟（dí，一说读zhái）：地名。在今河南禹州。

⑤宛（wǎn，古音yuān）：地名。在今河南南阳。

⑥武关：关塞名。又称"商塞"，在今陕西商南。

⑦峣（yáo）下军：驻扎在峣关下的军队。峣，关塞名。即峣关，在今陕西蓝田东南秦岭山中。

⑧屠者子：屠户家的子弟。

⑨贾（gǔ）竖易动以利：商人容易用财利打动他。贾竖，旧时对商人的贱称。贾，商人。竖，对人的蔑称。

⑩愿：希望。且：姑且，暂时。壁：军壁，军营。

⑪具食：准备食物。具，准备，备办。

⑫益为张旗帜诸山上：在各个山头上多多竖立军旗。益，多，增加。张，设立，竖立。

⑬疑兵：为了虚张声势、迷惑敌人而布置的军队。

⑭郦食其（lì yì jī）：生年不详，卒于前203年，陈留郡雍丘（今河南杞县）人，刘邦的部下。楚汉相争时，奉命出使齐国，被齐王田广所烹杀。啖（dàn）：给……吃。这里引申为利诱。

⑮畔：通"叛"。这里指背叛秦朝。

⑯连和：联合。咸阳：地名。在今陕西咸阳，当时为秦朝都城。

⑰解（xiè）：通"懈"。松懈，放松警惕。

⑱逐北至蓝田：追赶战败的秦军一直到蓝田。逐，底本为"遂"字，形误，应改为"逐"，追逐。北，败北，失败。蓝田，地名。在今陕西蓝田。

⑲再战：第二次与秦军作战。再，第二次。

⑳竟败：最终失败。竟，最终。

㉑子婴（？—前206）：《史记·秦始皇本纪》说他是秦二世胡亥哥
哥的儿子。赵高杀秦二世之后，立子婴，去帝号，称秦王，在位四
十六天。项羽率军进入咸阳后，杀害子婴。

【译文】

沛公从雒阳向南穿过轘辕关的时候，张良率兵跟随着沛公，先后攻
下韩地十余座城池，击败了秦朝杨熊的军队。沛公于是就让韩王成留守
在阳翟，自己和张良一起南下，攻占了宛城，然后向西进入武关。沛公想
用两万人的兵力攻打驻扎在峣关下的秦朝军队，张良劝告他说："现在秦
军还很强大，不可轻视。我听说守卫峣关的秦将是屠户家的儿子，商人
容易为财利而动心。希望沛公暂且留守军营，先派人过去，为五万人的
军队预备吃的东西，在各个山头上多多竖立军旗，作为虚张声势的疑兵，
然后派郦食其带着贵重的财宝去利诱秦军将领。"秦军将领果然答应背
叛秦朝，愿意与沛公联合在一起向西进军袭击咸阳，沛公打算接受秦将
的建议。张良说："这只是峣关的秦将愿意反叛秦朝而已，恐怕他的士兵
们不会服从。如果士兵们不服从，一定会出现危险局面，不如趁着他们
放松警惕时进攻他们。"沛公于是率兵攻打秦军，大获全胜。然后追杀
战败的秦军一直到蓝田，第二次交战，秦军最终崩溃。沛公于是就进入
咸阳，秦王子婴投降了沛公。

沛公入秦宫，宫室、帷帐、狗马、重宝、妇女以千数①，意
欲留居之。樊哙谏沛公出舍②，沛公不听。良曰："夫秦为
无道，故沛公得至此。夫为天下除残贼，宜缟素为资③。今
始入秦，即安其乐，此所谓'助桀为虐'④。且'忠言逆耳利
于行，毒药苦口利于病⑤'，愿沛公听樊哙言。"沛公乃还军
霸上⑥。

【注释】

①以千数：以千为单位计数。表示数量极多。

②樊哙（kuài）：人名。生年不详，卒于前189年，沛县（今江苏沛县）人。西汉开国功臣。早年以屠狗为业，后随刘邦平定天下，先后任将军、左丞相，封舞阳侯。出舍：出去居住。舍，居住。

③宜缟（gǎo）素为资：应该以清廉朴素为根本。宜，应该。"缟"与"素"，都指白色的丝绢，常用来比喻俭朴的品性与生活。资，凭借，根本。

④助桀为虐：帮助夏桀干坏事。后来多用来比喻帮助恶人干坏事。桀，夏朝末君主名。与商纣王同以暴虐著称。

⑤毒药：药物的一种。常用来泛指药性猛烈的药。据说这两句话最早出自孔子之口："孔子曰：'良药苦于口，利于病；忠言逆于耳，利于行。'"（《说苑·正谏》）

⑥还军霸上：率领军队回到霸上驻扎。霸上，地名，也写作"灞上"。秦汉时期泛指霸水沿岸地区，在今陕西西安东北一带。

【译文】

沛公进入秦朝宫殿，那里的宫室、帐幕、狗马、贵重的财宝、美女数以千计，沛公就想留下来住在宫里。樊哙劝谏沛公出宫居住，沛公不听。张良劝道："秦朝做了许多残暴无道的事情，所以沛公您才能够来到这里。为天下百姓铲除凶残的暴政，就应该以清廉朴素的生活为根本。如今刚刚攻入秦国都城，就安于享受秦王那样的快乐，这就是人们所说的'助桀为虐'啊。再说'忠言逆耳利于行，良药苦口利于病'，希望沛公能够听从樊哙的谏言。"沛公这才率领军队回到霸上驻扎。

项羽至鸿门下①，欲击沛公，项伯乃夜驰入沛公军，私见张良，欲与俱去。良曰："臣为韩王送沛公，今事有急，亡去不义②。"乃具以语沛公③。沛公大惊，曰："为将奈何④？"

良曰："沛公诚欲倍项羽邪⑤？"沛公曰："鲰生教我距关无内诸侯⑥，秦地可尽王⑦，故听之。"良曰："沛公自度能却项羽乎⑧？"沛公默然良久⑨，曰："固不能也。今为奈何？"良乃固要项伯⑩。项伯见沛公。沛公与饮为寿⑪，结宾婚⑫。令项伯具言沛公不敢倍项羽，所以距关者，备他盗也。及见项羽后解⑬，语在《项羽》事中⑭。

【注释】

①项羽（前232—前202）：名籍，字羽，下相（今江苏宿迁西南）人。项羽先与刘邦联手反秦，灭秦后，项羽自立为西楚霸王，定都彭城（今江苏徐州），封刘邦为汉王。后来项羽与刘邦争夺天下，兵败垓下，自刎于乌江。鸿门：地名。位于陕西西安临潼区东。

②亡去：逃走。这里指张良独自逃走。

③具：全部，都。

④为将奈何：对此将怎么办呢？

⑤诚：真的。倍：通"背"。背叛。邪（yé）：通"耶"。句末语助词。

⑥鲰（zōu）生教我距关无内（nà）诸侯：浅薄无知的书生教我据守函谷关，不让其他诸侯进来。鲰生，浅薄无知的书生。《楚汉春秋》记载此人为解先生。距，通"拒"。抵御，这里指把守。关，指函谷关。在今河南灵宝。内，同"纳"。接收。《史记·高祖本纪》："或说沛公曰：'秦富十倍天下，地形强。今闻章邯降项羽，项羽乃号为雍王，王关中。今则来，沛公恐不得有此。可急使兵守函谷关，无内诸侯军，稍征关中兵以自益，距之。'沛公然其计，从之。"

⑦秦地可尽王（wàng）：秦国的土地就可以全部占有了。秦地，指秦国原来的土地，即今天的陕西、甘肃一带，非指秦朝的整个天下。

王，统治，占有。

⑧度（duó）：猜度，估计。却：打退，击退。

⑨默然：沉默的样子。

⑩固要：坚决邀请。要，通"邀"。邀请。

⑪为寿：祝福之辞。向对方敬酒或馈赠财物，以祝对方健康长寿。

⑫宾婚：亲家。《史记·项羽本纪》："张良出，要项伯。项伯即入见沛公。沛公奉卮酒为寿，约为婚姻。"

⑬解：和解。

⑭《项羽》：指《史记·项羽本纪》。《项羽本纪》详细记载了在鸿门宴上，刘邦与项羽和解的情况。

【译文】

项羽来到鸿门下，计划要进攻沛公，项伯于是连夜紧急驰入沛公的军营，私下去会见张良，要求张良与他一起离开这里。张良说："我是替韩王护送沛公的，如今遇到危急情况，我一人逃跑是不合适的。"于是张良就将情况全部告诉了沛公。沛公极为吃惊，说："面对这种情况该怎么办呢？"张良说："沛公您真的想背叛项羽吗？"沛公说："浅薄无知的书生建议我据守函谷关不让其他诸侯进来，说这样就可以完全占有秦国的所有土地了，所以我就听从了这种建议。"张良说："沛公您自己估计一下能够击退项羽吗？"沛公沉默了好久，说："确实不能击退项羽。如今该怎么办呢？"张良于是坚决邀请项伯去见沛公。项伯见到了沛公。沛公与项伯一起宴饮并向项伯敬酒祝寿，还与他结为亲家。沛公请求项伯向项羽详细说明自己从来不敢背叛项羽，自己之所以派兵据守函谷关，目的是为了防备其他强盗出入。后来沛公会见了项羽，两人取得了和解，详细情况记载在《项羽本纪》中。

汉元年正月①，沛公为汉王②，王巴、蜀③。汉王赐良金百溢④，珠二斗，良具以献项伯⑤。汉王亦因令良厚遗项伯⑥，

使请汉中地⑦。项王乃许之,遂得汉中地。汉王之国⑧,良
送至褒中⑨,遣良归韩。良因说汉王曰:"王何不烧绝所过栈
道⑩? 示天下无还心,以固项王意⑪。"乃使良还。行,烧绝
栈道。

【注释】

①汉元年:指前206年。这一年,项羽封刘邦为汉王。

②沛公为汉王:沛公被封为汉王。《史记·项羽本纪》:"项王、范增
　疑沛公之有天下,业已讲解,又恶负约,恐诸侯叛之。乃阴谋曰:
　'巴、蜀道险,秦之迁人皆居蜀。'乃曰:'巴、蜀亦关中地也。'故
　立沛公为汉王,王巴、蜀、汉中,都南郑。"

③王巴、蜀:统治巴、蜀一带。巴、蜀,指以四川盆地为主及其周边地
　区。巴,地域名。相当于今天的重庆地区及四川东部。蜀,地域
　名。相当于今天的四川中部地区。

④溢:通"镒"。古代的重量单位,二十两为一镒,一说二十四两为
　一镒。

⑤具:全部。

⑥因:借此,趁机。厚遗(wèi):赠送厚礼。遗,赠予。

⑦使请汉中地:让项伯代他请求把汉中也封给自己。汉中,地名。
　即今陕西汉中一带。

⑧之国:到自己的封地。之,到。

⑨褒中:地域名。指褒水流域,相当于今天的陕西勉县一带。褒,河
　流名。为汉水支流。

⑩栈(zhàn)道:古代在悬崖绝壁上凿孔支架木桩,然后铺上木板而
　成的道路。

⑪以固项王意:以此来稳住项羽不再怀疑你的心意。项王,指项羽。

项羽自封为西楚霸王。

【译文】

汉王元年正月，沛公被封为汉王，统辖巴、蜀一带地区。汉王赏赐给张良百镒黄金，二斗珍珠，张良把它们全部转赠给了项伯。汉王也趁此机会命令张良厚赠项伯，让项伯代他请求把汉中一带也封给自己。项王答应了汉王的请求，汉王于是得到了汉中土地。汉王到自己的封国去，张良一直把他送到褒中，汉王让张良返回自己的韩国。张良便劝告汉王说："大王您为什么不烧掉所经过的栈道呢？以此向天下表示您不再回来的决心，也以此来稳住项羽不再怀疑你的心意。"汉王便让张良返回韩国。汉王一边向自己的封地行进，一边烧掉所经过的栈道。

良至韩，韩王成以良从汉王故，项王不遣成之国①，从与俱东②。良说项王曰："汉王烧绝栈道，无还心矣。"乃以齐王田荣反书告项王③。项王以此无西忧汉心，而发兵北击齐。

【注释】

①项王不遣成之国：项羽不允许韩王成回到自己的封国。

②从与俱东：让韩王成与自己一起到东边去。项羽建都于彭城（今江苏徐州），彭城在韩国的东边。

③田荣（？—前205）：战国时期田氏齐王的宗族。前206年，田荣自立为齐王，起兵反抗项羽，项羽率军进攻田荣。前205年，田荣战败，为平原县民所杀。反书告项王：把田荣反叛的消息以上书的方式告诉项羽。本句也可理解为"把田荣反叛的书信告诉项羽"。

【译文】

张良回到了韩国，韩王成因为张良追随汉王的缘故，项羽不让韩王成回到自己的封国去,而让他跟随自己一起来到东边。张良劝告项羽说:"汉王已经烧掉了栈道,根本没有返回的想法了。"张良于是就把齐王田荣反叛之事上书告诉项羽。项羽因此不再担忧西边的汉王,而发兵向北进攻齐国。

项王竟不肯遣韩王①,乃以为侯②,又杀之彭城③。良亡,间行归汉王④,汉王亦已还定三秦矣⑤。复以良为成信侯,从东击楚。至彭城,汉败而还。至下邑⑥,汉王下马,踞鞍而问曰⑦:"吾欲捐关以东等弃之⑧,谁可与共功者?"良进曰:"九江王黥布⑨,楚枭将⑩,与项王有郄⑪;彭越与齐王田荣反梁地⑫。此两人可急使。而汉王之将独韩信可属大事⑬,当一面。即欲捐之⑭,捐之此三人,则楚可破也⑮。"汉王乃遣随何说九江王布⑯,而使人连彭越⑰。及魏王豹反⑱,使韩信将兵击之,因举燕、代、齐、赵⑲。然卒破楚者⑳,此三人力也。

【注释】

①竟:最终。

②乃以为侯:于是就把他贬为侯爵。侯爵比王爵低了一个等级。

③彭城:地名。在今江苏徐州。

④间(jiàn)行:秘密地走小路。间,悄悄地,秘密地。因为担心项羽追捕,所以张良只能秘密地走小路。

⑤三秦:指原秦国土地。即今天陕西一带。秦朝灭亡后,项羽三分秦地,立秦降将章邯为雍王,统辖咸阳以西之地;董翳为翟王,统辖陕西北部地区;司马欣为塞王,统辖咸阳以东至黄河之地。合

称"三秦"。

⑥下邑：地名。在今安徽砀山。

⑦踞鞍：靠着马鞍。踞，倚靠。

⑧吾欲捐关以东等弃之：我打算把函谷关以东等地区拿出来作为封赏送给他人。捐，捐出，拿出去。关，指函谷关。弃之，指自己不要了，赏给别人。

⑨九江：封国名。地域相当于今天安徽中部、南部及江西一带。黥（qíng）布（？—前195）：即英布，九江郡六（今安徽六安）人，早年因犯罪受到黥刑，故又称黥布。黥，又称墨刑，其法是以刀刻凿人面（体），再用墨涂在创口上，使其永不褪色。黥布最初追随项梁起义，秦灭后，被项羽封为九江王。后来接受汉王使者的游说，叛楚归汉，封为淮南王。韩信、彭越被杀后，黥布心生畏惧，起兵反叛，兵败被杀。

⑩楚枭（xiāo）将：是楚国的勇猛将领。枭，一种凶猛的鸟，常用来形容勇猛、刚健。

⑪郤（xì）：通"隙"。嫌痕，矛盾。《史记·黥布列传》："汉二年，齐王田荣畔楚，项王往击齐，征兵九江，九江王布称病不往，遣将将数千人行。汉之败楚彭城，布又称病不佐楚。项王由此怨布，数使使者诮让召布，布愈恐，不敢往。"

⑫彭越（？—前196）：字仲，砀郡昌邑（今山东巨野南）人。秦朝末年在魏地起兵，项羽分封诸侯王后，彭越先后帮助田荣、刘邦对抗项羽。后来归顺刘邦。西汉建立后，封为梁王，定都定陶（今山东菏泽定陶区）。前196年，以反叛罪，诛灭三族。与：帮助。梁地：地域名。在今山东菏泽、河南商丘、开封、安徽亳州一带。

⑬韩信（？—前196）：淮阴（今江苏淮安）人。西汉开国功臣，军事家，为"汉初三杰"之一，先被封为齐王，后改封为楚王。汉十年（前196），韩信以谋反罪被杀。属（zhǔ）：通"嘱"。委托，

托付。

⑭即：连词。假如，如果。

⑮楚：指西楚霸王项羽。

⑯随何：原任汉高祖的谒者，被派去说服九江王英布降汉。汉统一
　后，随何官至护军中尉。

⑰连：联系，联合。

⑱魏王豹（？—前204）：姬姓，魏氏，原是战国魏国公子，项羽立魏
　豹为魏王。刘邦平定三秦之后，魏豹降汉，后又叛汉，刘邦遣韩信
　击败并俘虏魏豹，魏豹又随汉军据守荥阳以抗击项羽，一同镇守
　荥阳的周苛等人认为魏豹反复无常，不可信任，于是将魏豹杀死。

⑲因举燕（yān）、代、齐、赵：乘势攻占了燕、代、齐、赵等国的土地。
　因，趁着，乘势。举，攻占，占领。燕，封国名。领域在今河北北
　部、辽宁西部一带。代，封国名。地域约当今河北西北部、山西北
　部地区。齐，封国名。在今山东一带。赵，封国名。地域约当今
　天的河北南部、山西中部及北部地区。

⑳卒：最终。

【译文】

　　项羽最终也不允许韩王成回到自己的韩国，于是就把他贬为侯爵，
又在彭城杀害了他。张良只得逃跑，他从小路秘密地逃回到汉王那里，
汉王此时也已经率兵回来平定了三秦地区。汉王再次封张良为成信侯，
跟着自己向东进攻项羽的楚国。汉军进攻到彭城后，战败而归。当汉军
撤退到下邑时，汉王下马，倚靠着马鞍问张良道："我打算舍弃函谷关以
东等地区作为封赏送给他人，谁可以与我一起建功立业呢？"张良进言
说："九江王黥布是楚国的猛将，现在与项羽产生了一些矛盾；彭越为帮
助齐王田荣而在梁地反抗楚国。这两个人可以很快为我们所利用。而
在汉王您的将领中，唯有韩信可以托付大事，能够独当一面。如果打算
舍弃这些地方，那就把它们赏赐给这三个人，这样就可以打败楚国了。"

汉王于是就派遣随何去游说九江王黥布，又派人去联络彭越。魏王豹反叛汉王后，汉王就派遣韩信率兵进攻魏王豹，接着又乘势攻占了燕、代、齐、赵等国的土地。最终击溃楚国项羽，依靠的就是这三个人的力量。

张良多病，未尝特将也[1]，常为画策臣[2]，时时从汉王。

【注释】

①特将：独立带兵作战。特，单独，独自。将，率领军队。

②画策臣：出谋划策的大臣。

【译文】

张良身体多病，不曾独立带兵作战，一直作为出谋划策的大臣，时常跟随着汉王。

汉三年，项羽急围汉王荥阳[1]，汉王恐忧，与郦食其谋桡楚权[2]。食其曰："昔汤伐桀[3]，封其后于杞[4]。武王伐纣[5]，封其后于宋[6]。今秦失德弃义，侵伐诸侯社稷[7]，灭六国之后[8]，使无立锥之地。陛下诚能复立六国后世[9]，毕已受印[10]，此其君臣百姓必皆戴陛下之德，莫不乡风慕义[11]，愿为臣妾[12]。德义已行，陛下南乡称霸[13]，楚必敛衽而朝[14]。"汉王曰："善。趣刻印[15]，先生因行佩之矣[16]。"

【注释】

①荥（xíng）阳：地名。在今河南荥阳。

②桡（náo）楚权：削弱楚国的势力。桡，削弱。

③汤伐桀：商汤讨伐夏桀。汤，指商汤，商朝的开国明君。桀，指夏桀，夏朝的亡国暴君。

④杞（qǐ）：封国名。在今河南杞县。

⑤武王伐纣：周武王讨伐商纣王。武王，周武王。周朝的开国明君。
纣，商纣王，商朝的亡国暴君。

⑥宋：封国名。在今河南商丘。

⑦社稷：社是土神，稷是谷神，两者都是古代社会最重要的根基。历
代王朝建立时，一定要先立社稷庙坛；灭人之国，必先变置灭亡之
国的社稷。因此，社稷慢慢就成为国家、政权的标志与代名词。

⑧六国：指战国时期的齐、楚、燕、韩、赵、魏六国。

⑨诚：真的，确实。

⑩毕已受印：他们都接受陛下的印信之后。毕，全部。已，已经……
之后。

⑪乡（xiàng）风：服从政教。乡，通"向"。趋向，归附。风，风化，
政教。

⑫臣妾：本义指奴隶，男性奴隶叫"臣"，女性奴隶叫"妾"。这里泛
指臣民。

⑬南乡：面向南而坐。指当君主。古代以面向南为贵，君臣会面时，
君主面向南而坐，大臣面向北而拜。乡，通"向"。面向。

⑭敛衽（liǎn rèn）：提起衣襟夹在腰带间，以示敬意。衽，衣襟。一
说"敛衽"是整理衣服，也是表示敬意的意思。

⑮趣（cù）：通"促"。赶快，快点。

⑯因行佩之矣：接着就可以带着这些印信出发了。因，接着。佩，佩
戴，带着。

【译文】

汉王即位的第三年，项羽十分紧急地进攻围困在荥阳的汉王，汉王
惊恐忧愁，就与郦食其商议如何削弱楚国势力的方法。郦食其说："从前
商汤灭掉夏桀之后，封夏朝的后裔于杞国。周武王灭掉商纣王之后，封
商朝的后裔于宋国。如今秦朝不讲仁德，抛弃道义，侵伐诸侯各国，在灭

掉六国之后,不让他们的后裔有一点儿立足之地。陛下如果真的能够再次分封六国的后裔,他们在接受陛下的印信之后,这些国家的君臣百姓一定都会感戴陛下的恩德,无不服从陛下的政教,仰慕陛下的道义,甘愿做陛下的臣民。恩德道义推行之后,陛下就能够面南而坐称霸于天下,楚国人也一定会整理衣冠恭恭敬敬地前来朝拜了。"汉王说:"说得好。赶快刻制印信,接着先生就可以带着这些印信出发去分封六国后裔了。"

　　食其未行,张良从外来谒①。汉王方食,曰:"子房前②! 客有为我计桡楚权者。"具以郦生语告,曰:"于子房何如?"良曰:"谁为陛下画此计者? 陛下事去矣③。"汉王曰:"何哉?"张良对曰:"臣请藉前箸为大王筹之④。"曰:"昔者汤伐桀而封其后于杞者,度能制桀之死命也⑤。今陛下能制项籍之死命乎?"曰:"未能也。""其不可一也。武王伐纣封其后于宋者,度能得纣之头也⑥。今陛下能得项籍之头乎?"曰:"未能也。""其不可二也。武王入殷⑦,表商容之闾⑧,释箕子之拘⑨,封比干之墓⑩。今陛下能封圣人之墓,表贤者之闾,式智者之门乎⑪?"曰:"未能也。""其不可三也。发钜桥之粟⑫,散鹿台之钱⑬,以赐贫穷。今陛下能散府库以赐贫穷乎⑭?"曰:"未能也。""其不可四矣。殷事已毕,偃革为轩⑮,倒置干戈⑯,覆以虎皮,以示天下不复用兵。今陛下能偃武行文,不复用兵乎?"曰:"未能也。""其不可五矣。休马华山之阳⑰,示以无所为。今陛下能休马无所用乎?"曰:"未能也。""其不可六矣。放牛桃林之阴⑱,以示不复输积⑲。今陛下能放牛不复输积乎?"曰:"未能也。”“其不可七矣。且天下游士离其亲戚，弃坟墓⑳，去故旧，从陛下游者，徒欲日夜望咫尺之地㉑。今复六国，立韩、魏、燕、赵、齐、楚之后，天下游士各归事其主，从其亲戚，反其故旧坟墓㉒，陛下与谁取天下乎？其不可八矣。且夫楚唯无强㉓，六国立者复桡而从之㉔，陛下焉得而臣之㉕？诚用客之谋，陛下事去矣。”汉王辍食吐哺㉖，骂曰：“竖儒㉗，几败而公事㉘！”令趣销印。

【注释】

①谒（yè）：进见，拜见。

②前：向前走一走，走过来。

③去：离开，没有了。这里引申为失败。

④臣请藉前箸（zhù）为大王筹之：我请求您允许我借用面前的筷子为大王分析一下当前的形势。藉，借用。箸，筷子。筷子可以作为筹码来记数或用筷子指指画画。筹，筹划，分析。

⑤度（duó）：猜度，估计。

⑥度（duó）能得纣之头也：那是估计自己完全能够砍掉商纣王的脑袋。《史记·周本纪》：“纣走，反入登于鹿台之上，蒙衣其珠玉，自燔于火而死。……武王至商国……遂入，至纣死所。武王自射之，三发而后下车，以轻剑击之，以黄钺斩纣头，悬大白之旗。”

⑦殷：指商朝。商朝盘庚时迁都于殷（今河南安阳），所以商亦称为“殷”。

⑧表商容之闾（lú）：在商容的住地表彰商容。表，表彰。商容，商纣王时期的贤臣，因多次进谏而被罢免。闾，里巷的大门。这里代指商容的住地。另外，“表商容之闾”也可理解为“在商容的门口建立某种标志物以示表彰”。表，标志，标志物。如后世的牌坊、

匾额等。

⑨释箕(jī)子之拘：释放了被纣王囚禁的箕子。箕子，商纣王的叔父，封于箕，故称箕子。纣王残暴，箕子进谏不听，便佯狂为奴，被纣王囚禁。箕子与微子、比干，被孔子称为商末的"三仁"。

⑩封：聚土筑坟。比干：商纣王的伯父，一说是商纣王的庶兄。因进谏纣王被剖心而死。

⑪式：通"轼"。古代车厢前用作扶手的横木。这里用作动词，指俯身于轼以示敬意。

⑫钜桥：商纣王粮仓的所在地。一说在今河北曲周东北，一说在今河南浚县西。粟(sù)：谷子。去壳后叫小米。这里泛指粮食。

⑬鹿台：商纣王的宫苑建筑，在今河南鹤壁。

⑭府库：国家收藏钱财的地方。

⑮偃革为轩：废止兵车，改为普通乘车。偃，停止，废弃。革，指革车，兵车的一种。轩，大夫以上的贵族乘坐的车子。这里泛指普通车辆。《史记索隐》："苏林云：'革者，兵车也；轩者，朱轩、皮轩也。谓废兵车而用乘车也。'"

⑯倒置干戈：把兵器倒置过来存放。干，盾牌。戈，一种长柄武器。这里用"干戈"泛指各种兵器。

⑰华山之阳：华山的南边。华山，山岭名。在今陕西渭南的南边。阳，山之南、河之北为阳。

⑱桃林之阴：桃林的北边。桃林，地域名。在今河南灵宝以西地区。阴，山之北、河之南为阴。

⑲输积：运输、积聚军用粮草。

⑳弃坟墓：离开自己的祖坟。

㉑徒欲日夜望咫(zhǐ)尺之地：只是日夜盼望着能够分到一块小小的封地。徒，仅仅，只是。咫，古代长度单位。八寸为一咫。

㉒反：通"返"。返回。

㉓且夫楚唯无强：再说只有使楚国不再强大起来。且夫，句首语气词。表示更进一层，类似于今天的"再说"。唯，只，仅仅。

㉔桡（náo）：屈服。

㉕焉得：如何能够。焉，怎么，如何。臣之：使他们成为自己的臣民。

㉖辍（chuò）食吐哺（bǔ）：饭也不吃了，口中的食物也吐出来了。辍，中止。哺，咀嚼着的食物。

㉗竖儒：对读书人的蔑称。

㉘几败而公事：差一点儿坏了你老子的大事！几，几乎，差一点儿。而，你，你的。公，对祖父或父亲的尊称。这里的"公"类似今天的"老子"。张商英认为，这段记载说明了《素书·遵义章》中的"决策于不仁者险"这一原则的正确性。

【译文】

郦食其还没有出发，张良从外面回来进见汉王。汉王正在吃饭，说："子房您过来！有位客人为我设计了一套削弱楚国势力的方法。"接着刘邦就把郦食其的计划全部告诉了张良，然后问道："对此您看怎么样？"张良说："是谁为陛下出的这个主意？陛下的大事要失败了。"汉王说："为什么？"张良回答说："我请求允许我借用面前的筷子为大王分析一下当下的形势。"张良接着说："从前商汤灭掉夏桀之后，而封夏朝天子的后裔于杞国，那是因为他估计自己能够置夏桀于死地。如今陛下您能够置项羽于死地吗？"汉王说："不能啊。"张良说："这是不能分封六国后裔的第一个原因。周武王灭掉商纣王之后，而封商朝天子的后裔于宋国，那是因为他知道自己能够砍下商纣王的脑袋。如今陛下您能够砍下项羽的脑袋吗？"汉王说："不能啊。"张良说："这是不能分封六国后裔的第二个原因。周武王攻入商朝都城后，在商容的居住地表彰商容，释放了被纣王囚禁的箕子，重新修建了比干的坟墓。如今陛下您能够重新修建圣人的坟墓，在贤人的居住地去表彰贤人，在有才智的人门前向他俯轼致敬吗？"汉王说："不能啊。"张良说："这是不能分封六国后裔的第三个原因。周武王曾经发放钜桥仓库里的粮食,散发鹿台府库里的钱财,把这些粮食、钱财赐给贫苦的民众。如今陛下您能够发放仓库的财物去赐给穷人吗?"汉王说:"不能啊。"张良说:"这是不能分封六国后裔的第四个原因。周武王灭商以后,废掉兵车而改为普通乘车,把兵器倒置存放,盖上虎皮,以此来向天下民众表明不再使用武力。如今陛下您能够停止战争而推行文治,不再用兵打仗了吗?"汉王说:"不能啊。"张良说:"这是不能分封六国后裔的第五个原因。周武王将战马散放在华山的南面,以此表明不再使用它们了。如今陛下您能够让战马休息而不再使用它们吗?"汉王说:"不能啊。"张良说:"这是不能分封六国后裔的第六个原因。周武王把牛放牧在桃林的北面,以此表明不再运输和积聚作战用的粮草。如今陛下您能够放走牛群而不再运输、积聚军用粮草吗?"汉王说:"不能啊。"张良说:"这是不能分封六国后裔的第七个原因。再说天下那些四处奔走的人们离开了他们的亲人,舍弃了他们的祖坟,告别了他们的故友,跟随陛下四处奔波,他们只是日夜盼望着将来能够分到一块小小的封地。如果现在恢复六国,分封韩、魏、燕、赵、齐、楚的后裔,那么天下那些四处奔走的人们都会回去侍奉他们的君主,陪伴他们的亲人,返回到他们的旧友和祖坟所在之地,陛下还能够与谁一起去夺取天下呢? 这是不能分封六国后裔的第八个原因。再说只有使楚国变得不再强大,否则那些被分封的六国君主会再次屈服并归附于楚国,陛下又怎么能够让他们成为自己的臣民呢? 如果真的采用了这位客人的计划,陛下的大事就失败了。"汉王听后饭也不吃了,口中的食物也吐出来了,骂道:"这个迂腐的书呆子,差一点儿就坏了你老子的大事!"于是下令尽快销毁那些印信。

　　汉四年①,韩信破齐而欲自立为齐王,汉王怒。张良说汉王,汉王使良授齐王信印,语在《淮阴》事中②。

【注释】

①汉四年:汉王即位的第四年,即前203年。

②《淮阴》:指《史记·淮阴侯列传》。《淮阴侯列传》:"汉四年,(韩信)遂皆降平齐,使人言汉王曰:'齐伪诈多变,反覆之国也,南边楚,不为假王以镇之,其势不定。愿为假王便。'当是时,楚方急围汉王于荥阳,韩信使者至,发书,汉王大怒,骂曰:'吾困于此,旦暮望若来佐我,乃欲自立为王!'张良、陈平蹑汉王足,因附耳语曰:'汉方不利,宁能禁信之王乎?不如因而立,善遇之,使自为守。不然,变生。'汉王亦悟,因复骂曰:'大丈夫定诸侯,即为真王耳,何以假为!'乃遣张良往立信为齐王,征其兵击楚。"张商英认为张良的这一做法就是来自《素书·遵义章》中的"阴计外泄者败"这一原则。

【译文】

汉王即位的第四年,韩信占领了齐国土地而想自立为齐王,汉王大怒。张良劝告汉王,汉王于是就派张良送去授予韩信为齐王的印信,此事记载在《淮阴侯列传》中。

其秋①,汉王追楚至阳夏南②,战不利而壁固陵③,诸侯期不至④。良说汉王,汉王用其计,诸侯皆至。语在《项籍》事中⑤。

【注释】

①其秋:即汉王即位第四年的秋天。

②阳夏:地名。在今河南太康。

③壁固陵:坚守在固陵的营垒里。壁,军营的围墙。这里用作动词,筑军壁坚守。固陵,地名。在今河南太康南。

④诸侯期不至：诸侯没有按照约好的时间前来会战。期，预定的
　　时间。

⑤语在《项籍》事中：此事记载在《项羽本纪》中。《项籍》，指《史
　　记·项羽本纪》。项籍，即项羽。项羽名籍，字羽。《项羽本纪》：
　　“汉王乃追项王至阳夏南，止军，与淮阴侯韩信、建成侯彭越期会
　　而击楚军。至固陵，而信、越之兵不会。楚击汉军，大破之。汉王
　　复入壁，深堑而自守。谓张子房曰：‘诸侯不从约，为之奈何？’对
　　曰：‘楚兵且破，信、越未有分地，其不至固宜。君王能与共分天
　　下，今可立致也；即不能，事未可知也。君王能自陈以东傅海，尽
　　与韩信；睢阳以北至穀城，以与彭越；使各自为战，则楚易败也。’
　　汉王曰：‘善！’于是乃发使者告韩信、彭越曰：‘并力击楚。楚破，
　　自陈以东傅海与齐王，睢阳以北至穀城与彭相国。’使者至，韩
　　信、彭越皆报曰：‘请今进兵。’韩信乃从齐往，刘贾军从寿春并
　　行，屠城父，至垓下。大司马周殷叛楚，以舒屠六，举九江兵，随刘
　　贾、彭越皆会垓下，诣项王。”

【译文】

　　这年秋天，汉王追击楚军到了阳夏南面，战事失利而只得坚守在固
陵的营垒里，诸侯们也没有按照约好的时间前来会战。张良便向汉王献
策，汉王采用了他的计策，诸侯们才都前来。详细情况记载在《项羽本
纪》中。

　　汉六年正月①，封功臣。良未尝有战斗功，高帝曰②：“运
筹策帷帐中③，决胜千里外，子房功也。自择齐三万户④。”
良曰：“始臣起下邳，与上会留⑤，此天以臣授陛下。陛下用
臣计，幸而时中⑥，臣愿封留足矣，不敢当三万户⑦。”乃封张
良为留侯，与萧何等俱封⑧。

【注释】

①汉六年正月：即前201年。该年刘邦已经称帝。

②高帝：即刘邦。《史记·高祖本纪》记载，刘邦去世后，"群臣皆曰：'高祖起微细，拨乱世反之正，平定天下，为汉太祖，功最高。'上尊号为高皇帝"。

③运筹策：出谋划策。运，运用，使用。筹策，古时计数用的筹码，其作用类似于现在的算盘。帷（wéi）帐：将帅的幕府、军帐。

④自择齐三万户：自己在齐地选择三万户作为封地。齐，地域名。在今山东北部一带。

⑤与上会留：与皇上首次见面于留。上，指刘邦。留，地名。在今江苏沛县东南。

⑥幸而时中（zhòng）：幸而时常较为恰当。中，说中了，恰当。

⑦不敢当三万户：不敢承受三万户的封地。当，承受。张商英认为，张良的这一行为就是遵循了《素书·本德宗道章》中的"吉莫吉于知足"这一原则。

⑧萧何（？—前193）：丰（今江苏丰县）人。曾为沛县官吏，西汉开国功臣、政治家，首任相国，被封为酂侯，名列功臣第一。

【译文】

汉王即位的第六年正月，开始分封功臣。张良不曾建立过具体的战功，高祖说："坐在军帐里出谋划策，就能够决定千里之外的胜负，这就是子房的功劳啊。你可以在齐地自己选择三万户作为封地。"张良说："当初我在下邳起兵，与皇上首次见面于留，这是上天把我交给了陛下。陛下采用我的计谋，幸而经常较为恰当，我只希望把留封给我就足够了，不敢承受三万户的封地。"于是就封张良为留侯，同萧何等人一起受封。

（六年）上已封大功臣二十余人，其余日夜争功不决①，未得行封。上在雒阳南宫，从复道望见诸将往往相与坐沙中语②。上曰:"此何语?"留侯曰:"陛下不知乎? 此谋反耳。"上曰:"天下属安定③,何故反乎?"留侯曰:"陛下起布衣④,以此属取天下⑤,今陛下为天子,而所封皆萧、曹故人所亲爱⑥,而所诛者皆生平所仇怨。今军吏计功,以天下不足遍封,此属畏陛下不能尽封,恐又见疑平生过失及诛⑦,故即相聚谋反耳。"上乃忧曰:"为之奈何?"留侯曰:"上平生所憎,群臣所共知,谁最甚者⑧?"上曰:"雍齿与我故⑨,数尝窘辱我⑩。我欲杀之,为其功多,故不忍。"留侯曰:"今急先封雍齿以示群臣,群臣见雍齿封,则人人自坚矣⑪。"于是上乃置酒,封雍齿为什方侯⑫,而急趣丞相、御史定功行封⑬。群臣罢酒,皆喜曰:"雍齿尚为侯,我属无患矣。"

【注释】

①不决:没有结果。

②复道:楼阁间有上下两重通道,架空的那条通道叫"复道",俗称"天桥"。往往:常常。相与:一起,共同。

③属(zhǔ):方才,刚刚。

④布衣:普通百姓穿的粗布衣,常用来代指百姓。

⑤以此属取天下:依靠这些人取得了天下。以,凭借,依靠。此属,这些人。属,类,辈。

⑥萧:萧何。曹:曹参(? —前189)。沛(今江苏沛县)人。西汉开国功臣,西汉第二位相国,封平阳侯。

⑦恐又见疑平生过失及诛:担心因为自己平生的过失受到怀疑,以至于遭受诛杀。见疑,被怀疑。见,被。

⑧最甚者:谁最严重,谁最突出。甚,严重。

⑨雍齿(? —前192):秦末沛人。刘邦起兵反秦时,雍齿追随刘邦,

　　但他后来多次背叛刘邦，先后投靠魏国、赵国，最后雍齿再降刘邦。与我故：与我是故交。雍齿与刘邦不仅是同乡，而且曾追随刘邦起义，因此刘邦说"与我故"。一说"故"是指"故怨"。

⑩数（shuò）尝窘辱我：曾多次使我受困受辱。数，屡次，多次。尝，曾经。窘，困窘，围困。

⑪自坚：坚信自己会受到封赏。

⑫什方：地名。在今四川什邡。张商英认为，张良劝告刘邦分封雍齿，其动因就是来自《素书·遵义章》中"小怨不赦，则大怨必生"这一提醒。

⑬趣（cù）丞相、御史定功行封：急迫地催促丞相、御史为群臣评定功劳，施行封赏。趣，通"促"。催促。丞相，官名。辅佐皇帝的最高官员。御史，官名。又称"御史大夫"。负责监察百官。

【译文】

　　（汉王即位的第六年）皇上已经封赏了二十多位大功臣，其余的功臣日夜争功，也没有争出个结果，因此也没能进行封赏。当时皇上住在洛阳的南宫，他从复道上望见一些将领常常一起坐在沙地上议论纷纷。皇上问："这些人都在议论什么呢？"留侯说："陛下难道还不知道吗？他们是在商议如何谋反呀。"皇上说："天下刚刚安定下来，为什么还要谋反呢？"留侯说："陛下以平民身份起兵，依靠这些人夺取了天下，如今陛下做了天子，而所封赏的人都是萧何、曹参这些陛下所亲近的老朋友，所诛杀的都是您一生中所怨恨的人。如今这些军官们在计算各自功劳，认为天下的土地不够给每个人予以封赏，这些人既担心陛下不能全部分封给他们土地，又害怕因为自己从前的过失而受到怀疑，以至于遭受诛杀，所以就聚在一起策划谋反了。"皇上于是忧心忡忡地问道："这件事该怎么处理呢？"留侯说："皇上平生所憎恨的，而且又是群臣都知道的，哪个人最为突出？"皇上说："雍齿与我是老熟人，却曾经多次让我受困受辱。我真想杀掉他，因为他立的功劳很多，所以我又不忍心杀他。"留侯说：

"现在赶快先分封雍齿给群臣看看,群臣看到连雍齿都被封赏了,那么他们就会坚信自己也会得到封赏。"于是皇上就安排了酒宴,在酒宴上分封雍齿为什方侯,并急迫地催促丞相、御史大夫为大家评定功劳,施行封赏。群臣参加宴会之后,都高兴地说:"就连雍齿都被封为侯爵,我们这些人就更不用担心什么了。"

　　刘敬说高帝曰①:"都关中②。"上疑之。左右大臣皆山东人③,多劝上都雒阳④:"雒阳东有成皋⑤,西有崤黾⑥,倍河⑦,向伊雒⑧,其固亦足恃⑨。"留侯曰:"雒阳虽有此固,其中小,不过数百里,田地薄,四面受敌,此非用武之国也⑩。夫关中左崤函⑪,右陇蜀⑫,沃野千里,南有巴蜀之饶,北有胡苑之利⑬,阻三面而守⑭,独以一面东制诸侯⑮。诸侯安定,河渭漕挽天下⑯,西给京师⑰;诸侯有变,顺流而下⑱,足以委输⑲。此所谓金城千里⑳,天府之国也㉑,刘敬说是也㉒。"于是高帝即日驾㉓,西都关中。

【注释】

①刘敬:西汉初齐国卢(今山东济南长清区)人。原名娄敬,后因刘邦赐姓而改名刘敬。身为戍卒的娄敬在路过洛阳时,劝告刘邦不宜建都洛阳,而应建都关中。刘邦因赐姓刘,拜为郎中,号奉春君。说(shuì):游说,劝谏。

②关中:地域名。又称"关内""关西"。指函谷关以西、大散关以东的关中盆地,约当今天陕西中部地区。

③山东:地域名。指崤山、太行山以东、淮水以北地区,约当今天河南、山东、河北中南部、安徽北部、江苏北部一带。

④多劝上都雒阳:大多劝说刘邦要建都洛阳。都,建都。雒阳,即洛

阳。原因是洛阳处于山东地区，所以出身于山东地区的大臣们都希望都城能够离自己的家乡近一些。

⑤成皋（gāo）：地名。别称"虎牢"。在今河南荥阳西北，为古代军事重镇。

⑥崤黾（xiáo miǎn）：崤山与渑池。崤，崤山，山岭名。在今河南三门峡东南与洛阳西交接地区的崤山山脉，这里的地势十分险要。黾，又写作"渑"。指渑池，城邑名。为古代军事要地。在今河南渑池。

⑦倍：背向，背靠。河：黄河。

⑧向伊雒：面对着伊水与洛水。伊，伊水。为洛水的支流。雒，同"洛"。指洛水。黄河的支流。

⑨恃：依赖，依靠。

⑩此非用武之国也：这里不是利于作战的地方。

⑪左崤函：左边是崤山与函谷关。左，左边，即东边。古人称帝，以面向南为贵，故东边处于人的左边。

⑫右陇蜀：右边有陇山与岷山。右，右边，即西边。陇，指陇山。即今天斜贯宁夏回族自治区西南部、甘肃东部与陕西宝鸡西部的六盘山。蜀，指蜀地的岷山。《史记正义》："陇山南连蜀之岷山，故云右陇蜀也。"

⑬胡苑：地域名。泛指西北方少数民族的牧场。胡，古代对西北地区少数民族的统称，秦汉时期多指匈奴。苑，养禽兽、植树木的地方，这里指放牧之处。《史记正义》："《博物志》云：'北有胡苑之塞。'按：上郡、北地之北与胡接，可以牧养禽兽，又多致胡马，故谓胡苑之利也。"

⑭阻三面而守：依靠三面的险阻来固守。阻，险阻，据守。三面，指南、西、北三面。

⑮独以一面东制诸侯：只用东方一面，向东控制各诸侯国。

⑯ 河渭：黄河与渭水。河，黄河。渭，渭水。黄河支流，今称"渭河"。漕挽：水运。漕，通过水道运输粮食。挽，用车子运输。这里泛指运输。

⑰ 西给京师：向西供应京城。京师，指西汉都城长安。

⑱ 顺流而下：顺着黄河向下游进攻。

⑲ 委输：运输。把财物放置在舟车之上叫"委"，把财物运输到其他地方叫"输"。

⑳ 金城：铁打的城墙。金，泛指金属。

㉑ 天府：天然的府库。比喻肥沃、险要、物产极为丰富的地区。

㉒ 是：正确。

㉓ 即日：当天。

【译文】

刘敬劝告高帝说："应该把都城建在关中地区。"皇上对这个建议心怀疑虑。身边的大臣都是崤山以东地区的人，所以他们大多劝告皇上定都洛阳："洛阳东面有成皋，西面有崤山、渑池，背靠着黄河，面向着伊水、洛水，其地形的险要和城池的坚固是完全可以依赖的。"留侯张良说："洛阳虽然具备这样的险固地势，但它中间的地盘太狭小了，不过只有方圆几百里而已，而且土地贫瘠，四面受敌，这里不是利于作战的地方。关中地区东面有崤山、函谷关，西面有陇山、岷山，肥沃的土地方圆千里，南面有物产富饶的巴、蜀两个地区，北面有利于放牧的胡苑，依靠三面的险阻来固守关中，只用一面向东控制各诸侯国。如果各诸侯国安定，就可以通过黄河、渭河运输天下的粮食，向西供应京都；如果诸侯发生动乱，我们也可以顺流而下，足以运送军用物资。这正是人们所说的周围有千里铁打的城墙，是一个类似天然府库的好地方，刘敬的建议是正确的。"于是高帝当天就起驾，向西定都于关中。

留侯从入关①。留侯性多病，即道引不食谷②，杜门不出岁余③。

【注释】

①关：指函谷关。函谷关以西地区即属关中。

②道引：也作"导引"。古代的一种养生术，类似现代的保健体操。主要是通过呼吸吐纳，屈伸手足，使血气流通，以促进身体健康。《庄子·刻意》："吹呴呼吸，吐故纳新，熊经鸟申，为寿而已矣；此道引之士，养形之人，彭祖寿考者之所好也。"不食谷：即辟谷，不吃五谷。古人认为，通过修炼，慢慢做到不食五谷，就可以长生不老。

③杜门：闭门。杜，堵塞，关闭。

【译文】

留侯跟随高祖进入关中。他生性体弱多病，于是就学习导引之术，不食五谷，闭门不出有一年多时间。

上欲废太子①，立戚夫人子赵王如意②。大臣多谏争③，未能得坚决者也④。吕后恐⑤，不知所为。人或谓吕后曰："留侯善画计策，上信用之。"吕后乃使建成侯吕泽劫留侯⑥，曰："君常为上谋臣，今上欲易太子⑦，君安得高枕而卧乎？"留侯曰："始上数在困急之中⑧，幸用臣策。今天下安定，以爱欲易太子，骨肉之间，虽臣等百余人何益？"吕泽强要曰⑨："为我画计。"留侯曰："此难以口舌争也。顾上有不能致者⑩，天下有四人⑪。四人者年老矣，皆以为上慢侮人⑫，故逃匿山中，义不为汉臣⑬。然上高此四人⑭。今公诚能无爱金玉璧帛⑮，令太子为书⑯，卑辞安车⑰，因使辩士固请，宜来⑱。来，以为客⑲，时时从入朝，令上见之，则必异而问之⑳。问之，上知此四人贤，则一助也。"于是吕后令吕泽使人奉太子书，卑辞厚礼，迎此四人。四人至，客建成侯所㉑。

【注释】

①太子：指刘邦与吕后所生的嫡长子刘盈，即后来的汉惠帝。

②戚夫人（？—前194）：又称"戚姬"。刘邦的宠姬。刘邦去世后，戚姬为吕后所害。如意：刘如意。刘邦与戚夫人所生之子，被封为赵王。刘邦去世后，年幼的刘如意被吕后毒杀。

③谏争：劝谏阻止。争，通"诤"。规劝。

④未能得坚决者也：没有一个人能够使刘邦立下不再废除太子刘盈的决心。

⑤吕后（？—前180）：姓吕，名雉，字娥姁，刘邦的皇后，史称"吕后""汉高后""吕太后"等。

⑥吕泽（？—前199）：吕后的长兄。西汉的开国功臣，封建成侯。按照《史记·吕太后本纪》记载，吕泽封为周吕侯，其弟吕释之封为建成侯，"吕泽"或为"吕释之"之误："吕后兄二人，皆为将。长兄周吕侯（《史记集解》：徐广曰：'名泽，高祖八年卒，谥令武侯，追谥曰悼武王。'）死事……次兄吕释之为建成侯。"劫：威逼。这里是强制、强迫的意思。

⑦易：改变，更换。

⑧数（shuò）：屡次，多次。

⑨强要：强制要求。

⑩顾上有不能致者：然而皇上还有无法邀请来的人。顾，副词。表示轻微的转折，相当于"然而""不过"。

⑪四人：指商山四皓，秦末汉初隐居于商山（今陕西商洛商州区）
　中的四位须眉皆白的老人。他们是东园公、绮里季、夏黄公、甪
　里先生。

⑫慢：轻慢。侮：羞辱。

⑬义：正确原则。这里用作动词，坚持原则。

⑭高：认为……高尚，敬重。

⑮公：对吕泽的尊称。诚：真的，确实。爱：爱惜，吝啬。璧：古代的
　一种玉器，扁平，圆形，中间有小孔。帛（bó）：丝织品的总称。

⑯为：写。书：信。

⑰卑辞：言辞谦恭。安车：用一匹马拉的车子，乘车者可以在车中坐
　下。高官告老或征召有重望的人，常赐乘安车。

⑱宜来：应该会来的。宜，应该。

⑲客：客人，贵宾。另外，在先秦两汉时期，"客"还有"门客"的意
　思。所谓门客，指寄食于贵族门下并为他们服务的人。

⑳异：惊异，奇怪。

㉑客建成侯所：就住在建成侯的府邸中。客，客居。所，地方，府邸。
　张商英认为，张良请四皓出山，就体现了《素书·求人之志章》说
　的"设变致权，所以解结"的策略。

【译文】

　　皇上想废掉太子刘盈，改立戚夫人生的儿子赵王刘如意。很多大臣
出面劝谏，都没能使刘邦立下不再废除太子刘盈的决心。吕后为此十分
恐慌，不知道该怎么办。有人就对吕后说："留侯善于出谋划策，皇上对
他很信任。"吕后就派建成侯吕泽去强迫留侯帮助自己，说："您一直是
皇上的谋臣，现在皇上想更换太子，您怎么能头枕着高高的枕头睡大觉
呢？"留侯说："当初皇上多次处在危难的困境之中，幸而能够采用我的
计谋。如今天下已经安定，皇上因为宠爱如意而想更换太子，这些发生
在亲骨肉之间的事情，即使有一百多个与我一样的大臣出面劝谏，又有

什么益处？"吕泽竭力要求说："您一定要为我们出个主意。"留侯说："这样的事情很难用口舌去争辩。然而皇上无法邀请来的，全天下有四个人。这四个人都已经老了，他们都认为皇上喜欢怠慢、羞辱别人，所以逃到山中躲藏起来，他们坚持自己的原则不肯做汉朝的臣子，然而皇上还是非常敬重这四位老人。现在您如果真的能够不惜金银、玉璧、丝绸，再让太子写一封信，言辞要谦恭，并预备好安车，然后指派一位能言善辩的人去恳切邀请，他们应该会来的。来了以后，就把他们当作贵宾招待，让他们时常跟着太子上朝，故意让皇上看到他们，那么皇上一定会感到奇怪而询问他们。皇上一旦询问他们，就知道这四位老人的贤能，那么这对太子也是一个帮助。"于是吕后就让吕泽派人携带太子的书信，用谦恭的言辞和丰厚的礼物，迎请这四位老人。四位老人来了以后，就住在建成侯的府邸中。

汉十一年^①，黥布反，上病，欲使太子将^②，往击之。四人相谓曰^③："凡来者^④，将以存太子。太子将兵，事危矣。"乃说建成侯曰："太子将兵，有功则位不益太子^⑤；无功还，则从此受祸矣。且太子所与俱诸将^⑥，皆尝与上定天下枭将也，今使太子将之，此无异使羊将狼也，皆不肯为尽力，其无功必矣。臣闻：'母爱者子抱^⑦。'今戚夫人日夜侍御^⑧，赵王如意常抱居前，上曰：'终不使不肖子居爱子之上^⑨。'明乎其代太子位必矣。君何不急请吕后承间为上泣言^⑩：'黥布，天下猛将也，善用兵，今诸将皆陛下故等夷^⑪，乃令太子将此属，无异使羊将狼，莫肯为用，且使布闻之，则鼓行而西耳^⑫。上虽病，强载辎车^⑬，卧而护之^⑭，诸将不敢不尽力。上虽苦，为妻子自强^⑮。'"于是吕泽立夜见吕后^⑯，吕后承间为上泣涕而言,如四人意。上曰:"吾惟竖子固不足遣^⑰,而公自行耳^⑱。"于是上自将兵而东,群臣居守,皆送至灞上^⑲。留侯病,自强起,至曲邮^⑳,见上曰:"臣宜从,病甚。楚人剽疾^㉑,愿上无与楚人争锋^㉒。"因说上曰:"令太子为将军,监关中兵^㉓。"上曰:"子房虽病,强卧而傅太子^㉔。"是时叔孙通为太傅^㉕,留侯行少傅事^㉖。

【注释】

①汉十一年:即前196年。

②将:动词。率领军队。

③相:互相,一起。谓:谈论,商量。

④凡来者:我们来到这里的主要目的。凡,总括,主要。

⑤不益太子:权位也不会高过太子之位。益,增加。

⑥所与俱:与太子一起出征的将军。

⑦母爱者子抱:母亲受到宠爱,其孩子就常常会被父亲抱在怀里。《韩非子·备内》:"语曰:'其母好者其子抱。'"

⑧侍御:侍奉在皇上身边。

⑨终不使不肖子居爱子之上:最终也不能让不成器的儿子居于我的爱子之上。不肖子,不像自己的儿子,不成器的儿子。指刘盈。爱子,指刘如意。《史记·吕太后本纪》:"孝惠为人仁弱,高祖以为不类我,常欲废太子,立戚姬子如意,如意类我。"孝惠,指孝惠帝,即刘盈。

⑩承:通"乘"。趁着。间:间隙,机会。

⑪故:过去。等:平等。夷:平辈。

⑫鼓行而西耳:就会敲着战鼓向西进犯。

⑬强载辎(zī)车:勉强坐在辎车里。辎车,一种有帷盖的大车,可

以躺卧在里面。

⑭护之:统率军队。护,统辖,统率。

⑮妻子:妻子与儿女。子,儿女。自强:自己努力。

⑯立:立即,马上。

⑰吾惟竖子固不足遣:我本来就想到这小子确实不能派他去前线。惟,考虑,想到。竖子,小子。固,确实。

⑱而公:你的老子。而,你,你的。

⑲灞上:也作"霸上"。地名。秦汉时期泛指霸水沿岸地区,在今陕西西安东北一带。

⑳曲邮:地名。在今陕西西安临潼区东北。

㉑楚人:楚地的人。这里指黥布的士兵,黥布的士兵多为楚地人。剽(piāo)疾:迅速敏捷。剽,动作轻捷。疾,快速,敏捷。

㉒愿:希望。争锋:争强斗胜。张良希望刘邦"无与楚人争锋",劝告刘邦要稳扎稳打,不要意气用事,争一时胜负。

㉓监:监管,统辖。

㉔傅:辅导,帮助。

㉕是时:此时。是,此。叔孙通:生卒年不详,薛(今山东滕州)人,先后在秦朝、楚怀王、项羽、刘邦那里做过官,后为刘邦的太子太傅。汉王朝的典礼制度,多为叔孙通所制定。太傅:即太子太傅。掌管辅导太子的事务。

㉖留侯行少傅事:留侯张良就负责太子少傅的事务。少傅,即太子少傅。为太子太傅的副手。

【译文】

汉王刘邦即位的第十一年,黥布起兵谋反,皇上正患重病,就想派太子率领军队,前去讨伐叛军。这四位老人就在一起商议说:"我们来到这里的主要目的,就是为了保全太子,太子一旦去率兵平叛,事情就会危险了。"于是就去劝告建成侯说:"太子率兵出征,即使立了功劳,也没有什么权位会超过太子的位置；如果无功而返，那么从此之后就会遭受祸患了。再说这次与太子一起出征的这些将领，都是曾经与皇上一起平定天下的猛将，如今让太子去统率这些猛将，这就无异于让羊去统率一群狼，他们都不会为太子尽心尽力的，太子肯定无法建立功劳。我们听说：'母亲受到宠爱，其孩子就会常常被父亲抱在怀里。'如今戚夫人日夜侍奉在皇上身边，赵王如意也经常被抱在皇上面前，皇上说过：'终归不能让不成器的儿子居于我的爱子之上。'这就说明赵王如意取代太子是一定的了。您为什么不赶快请皇后找个机会向皇上哭诉：'黥布这个人，是天下的猛将，善于用兵打仗，如今那些将领都是陛下过去的同辈，而您却让太子去统率这些人，这无异于让羊去统率一群狼，他们没有人肯听从太子的指挥，而且如果让黥布知道了这种情况，他就会大张旗鼓地向西边进攻。皇上虽然有病，还是要勉强自己坐在辎车里，躺在那里指挥军队，众将就不敢不尽心尽力了。皇上虽然辛苦了一些，但为了妻子、儿女，自己还是要再努力一下啊。'"于是吕泽立即在当夜去进见吕后，吕后就找了个机会向皇上哭诉，就像四位老人所授意的那样。皇上说："我本来就想到这个小子不能派遣他去前线，老子还是自己去吧。"于是皇上亲自率领军队东征，留守在关中的群臣，都送到了灞上。留侯当时也生了病，还是勉强起身，把皇上送到了曲邮，他进见皇上说："我本来应该跟着您一起前往，无奈病情严重。楚国人作战迅猛敏捷，万望皇上不要与他们争强斗胜。"留侯又趁机劝告皇上说："任命太子为将军，让他统率关中的军队吧。"皇上说："子房虽然生病了，也要勉强自己躺在床上辅佐太子啊。"此时叔孙通任太子太傅，留侯就负责太子少傅的事务。

　　汉十二年①，上从击破布军归，疾益甚②，愈欲易太子③。留侯谏，不听，因疾不视事④。叔孙太傅称说引古今⑤，以死争太子。上详许之⑥，犹欲易之。及燕⑦，置酒，太子侍⑧。

四人从太子,年皆八十有余,须眉皓白⑨,衣冠甚伟⑩。上怪之,问曰:"彼何为者?"四人前对⑪,各言名姓,曰东园公、角里先生、绮里季、夏黄公⑫。上乃大惊,曰:"吾求公数岁,公辟逃我⑬,今公何自从吾儿游乎⑭?"四人皆曰:"陛下轻士善骂,臣等义不受辱,故恐而亡匿。窃闻太子为人仁孝⑮,恭敬爱士,天下莫不延颈欲为太子死者⑯,故臣等来耳。"上曰:"烦公幸卒调护太子⑰。"

【注释】

①汉十二年:汉王即位的第十二年。即前195年。

②疾益甚:病情更加严重。益,更加。

③愈:更加,越发。易:更换。

④因疾不视事:托病不再管事。

⑤叔孙太傅称说引古今:太子太傅叔孙通引证古今事实进行劝说。

　称说,这里指劝谏刘邦不可更换太子。

⑥详(yáng):通"佯"。假装。

⑦燕:通"宴"。安闲,闲暇。

⑧侍:陪侍。卑者、幼者陪从尊者、长者叫"侍"。

⑨皓(hào):同"皓"。洁白。

⑩衣冠甚伟:衣冠非常壮美奇伟。

⑪前对:走向前来回答。对,回答。

⑫角(lù)里先生:即商山四皓之一的甪里先生。角,通"甪"。

⑬辟:通"避"。逃避。

⑭游:交往。

⑮窃闻:私下听说,我们听说。窃,谦辞。私下,个人。

⑯延颈:伸长脖子。形容殷切期盼的样子。延,伸长。

⑰烦公幸卒调护太子：劳烦诸位，希望诸位能够始终如一地好好调
　教、保护太子吧。烦公，劳烦各位。幸，希望。卒，坚持到底，始终
　如一。调，调教，教导。

【译文】

　　汉王即位的第十二年，皇上率领击败黥布的军队回来了，然而病情
更加严重，越发想要更换太子。留侯进行劝谏，皇上根本不听，留侯于是
就托病不再管事。太子太傅叔孙通引证古今事实进行劝说，拼死与皇上
争执以保护太子。皇上表面上假装答应了他，但依然想更换太子。等到
有了闲暇的时间，皇上安排了酒宴，太子在一旁陪侍。那四位老人就跟
随着太子，他们的年龄都已经八十多了，胡子眉毛全都白了，衣冠非常壮
美奇伟。皇上看到这四位老人感到很是惊奇，就问道："那四位老人是干
什么的？"四位老人便走向前来回答，各自说出自己的姓名，他们名叫东
园公、角里先生、绮里季、夏黄公。皇上听后大吃一惊，问道："我寻找诸
位好几年了，诸位都躲着我，如今为什么自愿与我的儿子交往呢？"四位
老人都说："陛下轻慢士人，喜欢骂人，我们几个人的原则是坚决不愿受
到羞辱，所以感到害怕，于是就躲藏了起来。我们私下听说太子为人仁
义孝顺，谦恭有礼，爱护士人，天下的人们都殷切地盼望着为太子献出生
命，所以我们几个人就来了。"皇上说："那就劳烦诸位了，希望诸位能够
始终如一地尽心调教、保护太子吧。"

　　四人为寿已毕①，趋去②。上目送之，召戚夫人指示四
人者曰："我欲易之③，彼四人辅之，羽翼已成，难动矣。吕
后真而主矣④。"戚夫人泣，上曰："为我楚舞，吾为若楚
歌⑤。"歌曰："鸿鹄高飞⑥，一举千里。羽翮已就⑦，横绝四
海⑧。横绝四海，当可奈何！虽有矰缴⑨，尚安所施⑩！"歌数
阕⑪，戚夫人嘘唏流涕⑫，上起去，罢酒。竟不易太子者，留

侯本招此四人之力也。

【注释】

①为寿：祝寿，祝福。这里指为皇上敬酒祝寿。

②趋去：迈着小步很快走开。趋，小步快走。这是一种恭敬的走法。去，离开。

③易：改变，换掉。之：代指太子刘盈。

④而主：你的主人。而，你，你的。吕后为皇后，皇后是后宫嫔妃之主。

⑤若：你。

⑥鸿鹄（hú）：即天鹅。天鹅通体洁白，飞得很高，常用来比喻志向远大、事业辉煌的人。

⑦羽翮（hé）已就：羽毛已经丰满。翮，羽毛中间的硬管。这里泛指羽毛、翅膀。就，成就，成功。这里指羽毛丰满。

⑧横绝四海：纵横翱翔于天下。四海：指整个天下。古人认为中国四周皆为大海，所以把中国叫海内，外国叫海外。

⑨矰缴（zēng zhuó）：这里泛指弓箭。矰，一种用丝绳系着的用来射鸟的短箭。系着丝绳的目的是为了回收再次利用。缴，系在箭上的丝绳。

⑩尚安所施：还能在哪里使用呢！尚，还，还能。安，哪里。所施，施用之地。

⑪歌数阕（què）：唱了几遍。阕，乐曲终止一次为一阕。这里的意思是"遍"。刘邦把这首歌连唱了几遍。

⑫嘘唏（xū xī）：哽咽，抽泣。

【译文】

四位老人向皇上敬酒祝福之后，便迈着小步很快走开了。皇上目送着他们，把戚夫人召唤过来，指着那四位老人让她看，说："我本想废掉太子，而他们四位老人却辅佐太子，太子的羽翼已经丰满，难以动摇了。吕后真是你的主人啊。"戚夫人听后哭泣起来,皇上说:"你为我跳一段楚地的舞蹈,我为你唱一曲楚地的歌谣。"皇上唱道:"鸿鹄高高飞翔,振翅一举千里。羽翼已经丰满,纵横翱翔四海。纵横翱翔四海,我们又将奈何!手中虽有弓箭,又能何处施用!"皇上连续唱了几遍,戚夫人抽泣哽咽,流着眼泪,皇上起身离去,结束了酒宴。皇上最终没有更换太子,根本原因就是留侯招致这四位老人所产生的效力啊。

　　留侯从上击代①,出奇计马邑下②,及立萧何相国③,所与上从容言天下事甚众④,非天下所以存亡⑤,故不著⑥。留侯乃称曰:"家世相韩⑦,及韩灭,不爱万金之资,为韩报仇强秦,天下振动。今以三寸舌为帝者师⑧,封万户,位列侯,此布衣之极,于良足矣。愿弃人间事,欲从赤松子游耳⑨。"乃学辟谷,道引轻身⑩。会高帝崩⑪,吕后德留侯⑫,乃强食之⑬,曰:"人生一世间,如白驹过隙⑭,何至自苦如此乎!"留侯不得已,强听而食。后八年卒,谥为文成侯⑮。子不疑代侯⑯。

【注释】

①击代:进攻代。代,地域名。约当今河北西北部,山西中部、北部地区。汉高祖十年(前197)八月,西汉开国功臣陈豨据代地反叛,自封为代王,刘邦因此亲自率兵讨伐。汉高祖十一年,陈豨兵败被杀。

②马邑:地名。在今山西朔州。刘邦曾在这里攻破陈豨的残部。

③及立萧何相国:以及劝告皇上任命萧何为相国。

④从容:不慌不忙。

⑤所以存亡:决定国家存亡的内容。所以,……内容。

⑥著:写作,记载。

⑦家世相韩:我家世代为韩国的宰相。相,用作动词。做宰相。

⑧三寸舌:代指语言。张良没有立下具体的战功,主要是为刘邦出谋划策,故有此语。

⑨欲从赤松子游耳:打算与赤松子之类的修仙者交游。赤松子,传说中的仙人。张商英认为,张良抛却人间事务的这一行为就是遵循了《素书·求人之志章》中说的"绝嗜禁欲,所以除累"这一原则。

⑩轻身:使身体变得轻巧,以便飞升成仙。

⑪会高帝崩:此时正值高祖去世。会,遇上。古代帝王或皇后去世叫"崩"。《礼记·曲礼下》:"天子死曰崩,诸侯曰薨,大夫曰卒,士曰不禄,庶人曰死。"

⑫德:用作动词。感恩戴德。

⑬乃强食(sì)之:便竭力让他进食。食,拿食物让别人吃。

⑭如白驹过隙:就像白马跃过缝隙一样。形容时光短暂。《庄子·知北游》:"人生天地之间,若白驹之过郤,忽然而已。"一说"白驹"指日影,形容人的一生就像阳光穿过墙壁上的细缝那样迅速。

⑮谥(shì):古代帝王、贵族、大臣等死后,依据其生前事迹所给予的带有褒贬意义的称号。

⑯子不疑代侯:留侯的儿子张不疑袭封为侯爵。

【译文】

留侯跟随皇上讨伐代地,在马邑城下献出妙计,以及劝告皇上任命萧何为相国,他与皇上在平日不慌不忙之中谈论的天下事情很多,但由于不是涉及国家存亡的大事,所以就不再记载。留侯曾经说过:"我家世代担任韩国的宰相,韩国灭亡之后,我不惜万金家产,为了韩国而向强大的秦朝报仇,天下为此而震动。如今我凭借着三寸之舌而成为帝王之师,还有万户的封地,位居列侯,这也是一介平民所能够达到的最高地位了,对于我张良来说已经非常满足了。我希望能够放弃人世间的所有事务,想与赤松子之类的修仙者交往。"张良于是学习辟谷之术,修习导引,以便轻身飞升成仙。此时正值高祖刘邦去世,吕后因为感激留侯,便竭力劝他进食,说:"人生一世,就像白马跃过缝隙那样短暂,何必让自己苦行到这种程度呢!"留侯迫不得已,勉强自己听从吕后的劝告而进食。八年之后,留侯去世,谥号为文成侯。他儿子张不疑袭封为留侯。

　　子房始所见下邳圯上老父与《太公书》者,后十三年从高帝过济北,果见穀城山下黄石,取而葆祠之①。留侯死,并葬黄石(冢)②。每上冢伏腊③,祠黄石。

【注释】

①葆(bǎo)祠之:把它很好地保护起来并祭祀它。葆,通"保"。保护。一说通"宝"。视为至宝。祠,祭祀。

②并葬黄石(冢):把黄石同自己埋葬在一起。冢,衍文。应删去。

③每上冢伏腊:每次上坟扫墓,以及冬夏节日祭祀张良的时候。上冢,即今人说的"上坟",扫墓。伏腊,秦汉时期,夏天的伏日(即三伏日),冬天的腊日(腊月初八),都是节日,合称"伏腊"。

【译文】

　　张良当年在下邳桥上遇见的那位送给他《太公兵法》的老人,在分别十三年以后,当张良跟随汉高祖经过济北的时候,果然看到穀城山下的黄石,于是就把它取回来,很好地保护起来并祭祀它。留侯去世后,就把黄石与自己安葬在一起。此后每逢扫墓以及伏日、腊日祭祀张良的时候,也同时祭祀黄石。

　　留侯不疑,孝文帝五年坐不敬①,国除②。

【注释】

①孝文帝五年坐不敬：在汉文帝即位的第五年，因犯了不敬皇上之罪。孝文帝，即汉文帝刘恒（前202—前157）。刘邦第四子，汉惠帝刘盈异母弟，母为薄姬。前180—前157年在位。文帝即位之后，施行道家清静无为的治国理念，与民休息，节俭朴素，废除肉刑，宽厚待人，开启"文景盛世"。孝文帝五年，即前175年。坐，因为犯了……罪过或错误。不敬，指不尊敬皇帝。《史记·高祖功臣侯者年表》："五年，侯不疑坐与门大夫谋杀故楚内史，当死，赎为城旦，国除。"

②国除：留侯的封国被废除。

【译文】

留侯张不疑，在汉文帝即位的第五年，因犯了不敬皇上之罪，封国被废除了。

太史公曰①：学者多言无鬼神，然言有物②。至如留侯所见老父予书，亦可怪矣。高祖离困者数矣③，而留侯常有功力焉，岂可谓非天乎？上曰："夫运筹策帷帐之中，决胜千里外，吾不如子房。"余以为其人计魁梧奇伟④，至见其图⑤，状貌如妇人好女⑥。盖孔子曰⑦："以貌取人，失之子羽⑧。"留侯亦云⑨。

【注释】

①太史公：汉代司马谈为太史令，其子司马迁也继任为太史令，均称"太史公"。这里指《史记》的作者司马迁。

②物：奇异的事物。《史记索隐》："物，谓精怪及药物也。"

③高祖离困者数（shuò）矣：高祖遭遇困厄的情况有很多次了。离，

通"雁"。遭遇。数,屡次,多次。

④余以为其人计魁梧奇伟:我原以为此人长得大概是高大伟岸的样子。计,估计,大概。魁梧,身材高大的样子。

⑤其图:张良的画像。

⑥好女:相貌美好的女子。好,容貌美丽。

⑦盖:句首语气词。

⑧以貌取人,失之子羽:根据相貌来评判人,我对子羽的评价就有所失误。子羽,人名。姓澹台,名灭明,字子羽。孔子的弟子。因为子羽的相貌丑陋,孔子原以为他不堪造就,结果子羽的德行高尚,深受人们的赞许。《史记·仲尼弟子列传》:"澹台灭明,武城人,字子羽。少孔子三十九岁。状貌甚恶。欲事孔子,孔子以为材薄。既已受业,退而修行,行不由径,非公事不见卿大夫。南游至江,从弟子三百人,设取予去就,名施乎诸侯。孔子闻之,曰:'吾以言取人,失之宰予;以貌取人,失之子羽。'"

⑨留侯亦云:对于留侯,也可以这样评价吧。云,说,评价。

【译文】

太史公说:学者们大多说没有鬼神,然而又说还是存在一些奇异的事物。至于像留侯遇见老人赠书的事情,也可以说是非常奇怪的了。高祖多次遭遇困厄的情况,而留侯常常在这种情况下能够建功效力,难道可以说这不是天意吗?皇上说:"坐在军帐里出谋划策,就能够决定千里之外的胜负,这一点我不如子房啊。"我原以为此人长得大概是高大伟岸的模样,等到我看见他的画像时,才知道他的容貌就像是一位美丽的女子。孔子说过:"根据相貌来评判人,我对子羽的评价就有所失误。"对于留侯,也可以这样评价吧。

附录三

《高士传·黄石公》

(晋)皇甫谧

【题解】

《高士传》的作者是晋代的隐士皇甫谧,全书记载了数十位隐士的生平事迹。《黄石公》这篇传记主要是把《史记·留侯世家》中关于黄石公的内容集中在一起,使我们能够较为连贯地了解黄石公的大致生平,其中一些细节与《史记》稍有不同。

黄石公者,下邳人也①,遭秦乱②,自隐姓名,时人莫能知者。

【注释】

①下邳(pī)人也:是下邳人。下邳,地名。在今江苏邳州。这一记载与《史记·留侯世家》不同的是,《史记》只说张良在下邳桥上遇到黄石公,而《高士传》则认定黄石公为下邳人。这是第一条与《史记》记载不同之处。

②遭秦乱:遇上秦朝末年的战乱。

【译文】

黄石公,是下邳人,遇上秦朝末年的战乱,自己就隐姓埋名,当时也没有人了解他。

初,张良易姓为张①,自匿下邳②,步游沂水圯上③,与黄石公相遇。衣褐衣而老④,坠履圯下⑤,顾谓良曰⑥:"孺子⑦,取履!"良素不知⑧,乍愕然⑨,欲殴之⑩,为其老也,强忍下取履,因跪进焉⑪,公笑以足受而去⑫。良殊惊⑬。

【注释】

①张良易姓为张:张良把自己改为张姓。这是第二条与《史记》记载的不同处。《史记·留侯世家》只说张良为了逃亡,曾经改名换姓,没有说明他本来就姓张,还是改名换姓后才姓张:"(张良)得力士,为铁椎重百二十斤。秦皇帝东游,良与客狙击秦始皇博浪沙中,误中副车。秦皇帝大怒,大索天下,求贼甚急,为张良故也。良乃更名姓,亡匿下邳。"而《高士传》则明确说张良原本不姓张,后来改姓张。《史记索隐》:"王符、皇甫谧并以良为韩之公族,姬姓也。秦索贼急,乃改姓名。而韩先有张去疾及张谴,恐非良之先代也。"

②匿:隐藏。

③步游沂(yí)水圯(yí)上:在沂水桥上散步。沂水,河名。起源于山东,流经江苏入海。步游,散步,徒步游玩。圯,桥梁。这是第三条与《史记》记载的不同处,《史记》没有指明是哪条河上的桥,而《高士传》明确指出是在沂水桥上。

④衣(yì)褐衣:穿着粗布衣。第一个"衣"为动词。穿。褐衣,古代穷人穿的粗布衣。

⑤坠履(lǚ)圯下：把自己的鞋子弄掉到桥下。履，鞋子。

⑥顾：回头看，看着。

⑦孺子：孩子，小子。

⑧素不知：过去并不认识老人。素，平素，过去。

⑨乍愕然：突然之间感到非常惊讶。乍，突然。愕然，惊讶的样子。

⑩殴：殴打。

⑪因跪进焉：于是就跪着给他穿上。因，于是。

⑫公笑以足受而去：黄石公笑着把脚伸出来让张良为他穿上鞋，然后就走了。去，离开，走了。

⑬良殊惊：张良感到极为吃惊。殊，非常，特别。

【译文】

当初，张良把自己改为张姓，隐藏在下邳，当他在沂水的桥上散步时，遇到了黄石公。黄石公穿着粗布衣服，年纪很老了，他故意把自己的鞋子掉到桥下，然后看着张良说："小子，下去把我的鞋取上来！"张良过去并不认识这位老人，突然之间感到非常惊讶，就想揍他一顿，因为见他实在是老了，于是就强忍着怒火下桥为他把鞋取上来，然后跪下给他穿上，黄石公笑着伸出脚来让张良为他把鞋穿好，然后就走了。张良感到极为吃惊。

公行里许①，还谓良曰②："孺子可教也。后五日平明③，与我期此④。"良愈怪之，复跪曰："诺⑤！"

【注释】

①里许：一里左右。许，表示约数。

②还：回来，返回。

③平明：天刚亮的时候。

④期此：在这里见面。期，约会，见面。

⑤诺：表示同意的应答声。

【译文】

黄石公走了一里左右，又返了回来，对张良说："你这个孩子值得教导啊。五天以后天亮时，你在这里和我见面。"张良更觉得此事奇怪，再次跪下说："好的。"

五日平旦①，良往，公怒曰："与老人期，何后也②！后五日早会。"良鸡鸣往，公又先在，怒曰："何后！复五日早会。"良夜半往。有顷③，公亦至，喜曰："当如是④。"乃出一编书与良，曰："读是⑤，则为王者师矣。后十二年⑥，孺子见济北穀城山下黄石⑦，即我矣。"遂去不见⑧。

【注释】

①平旦：天刚亮。旦，天亮。

②何后也：为什么迟到！后，落在后面，迟到。

③有顷：过了一会儿。

④当如是：应该如此。

⑤是：代指黄石公赠予的这本书。

⑥后十二年：十二年以后。这是与《史记·留侯世家》记载的第四条不同处。《留侯世家》："（黄石公）曰：'读此则为王者师矣。后十年兴。十三年孺子见我济北，穀城山下黄石即我矣。'"《高士传》说的"后十二年"，明显有误，根据《史记》及《高士传·黄石公》下段文字中的"后十三年，从高祖过济北穀城山下，得黄石公，良乃宝祠之"，这里的"十二"应为"十三"之误。

⑦济北：郡名。秦统一后所置三十六郡之一，在原齐国境内，郡治博阳（故城在今山东泰安）。穀城山：山名。在今山东平阴西南。

西汉时属济北郡固寇县。

⑧遂：于是，随后。

【译文】

五天后天刚亮，张良就去了约定的桥上，早已在此等候的黄石公生气地说："与老人约会，为什么迟到！五天以后早点来。"五天后公鸡刚打鸣，张良就去了，黄石公又先在那里了，再次生气地说："为什么又迟到了！再过五天早点来。"五天之后，张良半夜就去了。过了一会儿，黄石公也来了，高兴地说："应该这样子。"于是就拿出一本书交给张良，说："读了这本书，就可以做帝王的老师了。十二年之后，你看到的济北穀城山下的黄石，那就是我啊。"说完就走了，张良再也没有见到过这位老人。

良旦视其书①，乃是《太公兵法》②。良异之，因讲习③，以说他人④，莫能用。后与沛公遇于陈留⑤，沛公用其言，辄有功⑥。后十三年，从高祖过济北穀城山下，得黄石公⑦，良乃宝祠之⑧。及良死，与石并葬焉⑨。

【注释】

①旦：第二天天亮。

②《太公兵法》：兵书名。相传为商、周之交时姜太公所撰写。《史记正义》："《七录》云：'《太公兵法》一秩三卷。太公，姜子牙，周文王师，封齐侯也。'"

③因讲习：于是就研究、学习这本书。因，于是。讲，研究，探讨。

④以说（shuì）他人：用《太公兵法》中的策略去游说别人。以，用。后省略"《太公兵法》"。说，游说，劝说。

⑤沛公：刘邦。刘邦刚刚起兵反秦时，号为"沛公"。陈留：地名。在今河南开封东南。这是与《史记》记载的第五条不同处。《史

记》记载张良遇到刘邦的地方是留，在今江苏沛县一带；而《高士传》说是在陈留。《高士传》明显把"留"与"陈留"两个地名混淆了。《史记》的记载是正确的。

⑥辄（zhé）有功：常常能够取得成功。辄，经常，常常。

⑦得黄石公：应为"得黄石"。"公"为衍字，应删去。

⑧宝祠之：视为宝物，并祭祀它。祠，祭祀。

⑨与石并葬焉：与这块黄石安葬在一起。

【译文】

第二天天亮之后，张良翻开书一看，原来是《太公兵法》。张良觉得这本书非同寻常，于是就经常研究、学习它，用这本书中的策略去游说别人，没有人能够采纳。后来与沛公刘邦在陈留相遇，沛公采纳他的策略，经常能够取得成功。十三年之后，张良跟随汉高祖刘邦路过济北毂城山下时，看到一块黄石，于是张良就把它视为宝物而祭祀它。张良去世之后，就将自己与黄石安葬在一起。

《素书序》

（宋）张商英

【题解】

本文是北宋进士、宰相张商英为《素书》撰写的序言。序言首先介绍《素书》的作者、流传经过、传授密戒等等；接着用具体事例，分析了张良是如何运用本书的策略辅佐刘邦平定天下的；最后强调本书思想精妙深邃，认为只有神圣之人才有可能较为完整地把握其中的奥妙。

黄石公《素书》六篇①，按《前汉》列传②，黄石公圯桥所授子房《素书》③，世人多以《三略》为是④，盖传之者误也。晋乱⑤，有盗发子房冢⑥，于玉枕中获此书⑦，凡一千三百三十六言⑧。上有秘戒⑨："不许传于不道、不神、不圣、不贤之人⑩。若非其人⑪，必受其殃；得人不传⑫，亦受其殃。"呜呼⑬！其慎重如此。

【注释】

①黄石公：人名。又被称作"圯上老人"，秦汉时的隐士。《史记·留

侯世家》记载，张良刺杀秦始皇失败后，改名换姓，逃到下邳（今
江苏邳州），黄石公授之以《太公兵法》（张商英认为授予张良的
是《素书》），帮助张良去辅佐刘邦，灭秦建汉。关于黄石公的生
平事迹，见附录二《史记·留侯世家》与附录三《高士传·黄石
公》。六篇：《素书》共分《原始章》《正道章》《求人之志章》《本
德宗道章》《遵义章》《安礼章》六篇。

②按《前汉》列传：依照《汉书》中的《张良传》记载。按，按照，依
照。《前汉》，即《前汉书》，一般称之为《汉书》，作者为东汉时期
的班固，后又由班固之妹班昭及马续补写而成。《汉书》是中国第
一部纪传体断代史，"二十四史"之一，与《史记》《后汉书》《三国
志》并称为"前四史"。全书主要记载了西汉一代的历史。列传，
是中国纪传体史书的体裁之一，司马迁撰《史记》时首创，为以后
历代纪传体史书所沿用。司马贞《史记索隐》："列传者，谓叙列
人臣事迹，令可传于后世。"张守节《史记正义》："其人行迹可序
列，故云列传。"文渊阁《四库全书》本无"列传"二字。

③圯（yí）桥：桥梁。圯，桥。子房：张良（？—前189），字子房，韩
（今河南中部）人。秦末汉初的杰出谋臣，西汉开国功臣，与韩
信、萧何并称为"汉初三杰"。关于圯桥授书，张商英依据的是
《汉书·张良传》，文字与《史记·留侯世家》基本相同。

④世人多以《三略》为是：世人多认为这本《素书》，就是黄石公的
另一部兵书《三略》。《三略》，古代兵书名。相传也为黄石公所
撰，全书分《上略》《中略》《下略》，故称"三略"。

⑤晋乱：指西晋末年的国家动乱，最终导致西晋灭亡。西晋（265—
317），是中国继三国时期之后的统一王朝，第一代君主为晋武帝
司马炎，建都洛阳。从晋武帝建国开始，传四帝，国祚五十一年，
与后来的东晋合称晋朝。

⑥有盗发子房冢（zhǒng）：有盗墓贼盗挖了张良的坟墓。发，开挖，

盗挖。冢，坟墓。《史记正义》："《括地志》云：'张良墓在徐州沛
县东六十五里，与留城相近也。'"此说较为可信。除此，全国其
他各地也有许多张良墓。

⑦玉枕：指张良遗体所枕的玉制枕头。

⑧凡一千三百三十六言：总共一千三百三十六个字。凡，总共。
言，字。

⑨上有秘戒：书上写有秘密的告诫语。

⑩不道：言行不符合大道。不神：没有超常灵气的。神，异乎寻常
的、不可思议的能力。

⑪若非其人：如果传授的不是合适的人。

⑫得人不传：遇到合适的人选而不传授此书。

⑬呜呼：感叹词。

【译文】

黄石公所撰写的《素书》一共是六篇，按照《汉书》中《张良传》的
记载，黄石公在桥上授予张良一本《素书》，后世人大多认为这本《素书》
就是黄石公的另一部兵书《三略》，这实在是以讹传讹啊。西晋末年国
家动乱的时候，有盗墓贼盗挖了张良的坟墓，从坟墓中的玉枕里找到了
这本书，总共一千三百三十六个字。书上写有秘密的告诫语："不允许把
这本书传授给那些言行不符合大道、没有超常灵气、不具备圣人道德、
没有贤人品性的人。如果把这本书传授给了不合适的人，一定会遇到灾
祸；如果遇到合适的人而不去传授这本书，也会遇到灾祸。"唉！黄石公
对此书的传授竟然是如此的慎重！

　　黄石公得子房而传之，子房不得其传而葬之①。后五百
余年而盗获之②，自是《素书》始传于人间③。然其传者，特
黄石公之言耳④，而公之意，其可以言尽哉⑤！

【注释】

①子房不得其传:张良没有找到合适人选来传授这本书。

②后五百余年:五百多年以后。从张良获得此书到西晋晚期的动乱时期,共计五百多年。

③自是:从此。是,代词。代指盗墓贼盗挖张良墓的时候。

④特黄石公之言耳:仅仅只是黄石公的言辞而已。特,仅仅。耳,而已,罢了。

⑤而公之意,其可以言尽哉:然而黄石公的精微思想,难道可以用语言表达清楚吗? 其,表示反诘,相当于"岂""难道"。大多数思想家认为,语言可以表达人的思想情感,但不能完全表达清楚人的思想情感,特别是一些精微的道理与细腻的情感,是无法用语言表达清楚的。这就是人们常说的"言不尽意",因此,古人要求人们在阅读经典时,要认真体会"言外之意"。

【译文】

黄石公遇到了恰当的人选张良,所以就把这本书传授给了他;而张良却没能找到合适的传授人选,只好把这本书与自己一起埋葬在地下。五百多年之后,盗墓贼盗得了这本书,从此《素书》才开始流传到社会上。然而能够流传下来的,不过是黄石公的一些语言文字而已,至于黄石公的精微思想,难道能够用这些语言表达清楚吗!

余窃尝评之①:"天人之道②,未尝不相为用③,古之圣贤皆尽心焉④。尧钦若昊天⑤,舜齐七政⑥,禹叙九畴⑦,傅说陈天道⑧,文王重八卦⑨,周公设天地四时之官⑩,又立三公⑪,以燮理阴阳⑫。孔子欲无言⑬,老聃建之以常无有⑭。《阴符经》曰⑮:'宇宙在乎手⑯,万物生乎身⑰。'道至于此,则鬼神变化,皆不能逃吾之术⑱,而况于刑名度数之间者欤⑲!"

【注释】

① 余窃尝评之：我个人曾经评论说。窃，谦辞。私下，个人。尝，曾经。文渊阁《四库全书》本无"余"字。

② 天人之道：天道与人道。即上天的运行规律与人的行事规律。

③ 未尝不相为用：未尝不是相辅相成的。

④ 尽心焉：尽心尽力地去理解、运用天道与人道。焉，代词。代指能够相辅相成的天道与人道。

⑤ 尧钦若昊（hào）天：帝尧非常恭敬地顺应着伟大的天道。尧，传说中的圣君。钦，恭敬。若，顺从，顺应。昊，伟大。《尚书·尧典》："（尧）乃命羲和，钦若昊天，历象日、月、星辰，敬授人时。"意思是：帝尧于是就命令大臣羲和，要恭敬地顺应着伟大的天道，推算出日月星辰的运行规律并制定出历法，然后把各种节令告诉人们。

⑥ 舜齐七政：帝舜研究日、月和金、木、水、火、土五星的运行规律。舜，传说中的圣君。齐，整理，研究。七政，各种解释很多，一说指日、月和金、木、水、火、土五星，一说指北斗七星，一说指春、夏、秋、冬、天文、地理、人道。一说泛指七种政事。《尚书·舜典》："（舜）在璇玑玉衡，以齐七政。肆类于上帝，禋于六宗，望于山川，尽于群神。"意思是："舜观察北斗七星，研究日、月、金星、木星、水星、火星、土星的运行规律。祭祀上帝，祭祀天地四季，祭祀山川，祭祀群神。"

⑦ 禹叙九畴（chóu）：大禹按照秩序安排了九类治国大法。禹，夏朝的第一代君主，因治理洪水而闻名。叙，按照秩序安排。九畴，九类。指九类治国大法。畴，类。《尚书·洪范》："天乃锡禹洪范九畴，彝伦攸叙。初一曰五行，次二曰敬用五事，次三曰农用八政，次四曰协用五纪，次五曰建用皇极，次六曰乂用三德，次七曰明用稽疑，次八曰念用庶征，次九曰向用五福，威用六极。"意思是：上

帝就把九种治国大法赐给了禹,治国的道理因此被确定了下来。第一是五行(水、火、木、金、土),第二是认真做好五件事情(容貌、言论、观察、听闻、思考),第三是努力施行八种政务(粮食、财货、祭祀、建筑、教育、防盗、朝觐、军事),第四是综合使用五种记时方法(年、月、日、观察星辰的出现情况、推算日月运行所经历的周天度数),第五是建立做君主的法则(赏罚、用人、公平等等),第六是治理百姓要使用三种德性(正直、刚强、柔和),第七是解决疑难问题的方法(如反复思考、与人商议、占卜等等),第八是经常注意观察各种征兆(如下雨、晴天、温暖、寒冷等等),第九是使用五种福祉(长寿、富贵、康宁、美德、高寿善终)去鼓励臣民,使用六种灾祸(夭折、疾病、忧愁、贫穷、邪恶、懦弱)去警戒臣民。

⑧傅说(yuè)陈天道:傅说陈述了天道。傅说是商朝卓越的政治家,辅佐商高宗武丁治理国家,促成了历史上有名的"武丁中兴"。《尚书》中有《说命》上、中、下三篇,据说即傅说对武丁所讲的天道,其中有"非知之艰,行之惟艰"等名句。

⑨文王重八卦:周文王把乾(☰)、坤(☷)、震(☳)、巽(☴)、坎(☵)、离(☲)、艮(☶)、兑(☱)这八个卦象相互重叠,形成六十四卦。《史记·周本纪》:"西伯(即周文王)盖即位五十年。其囚羑里,盖益《易》之八卦为六十四卦。"周文王在位的第五十年,被商纣王囚禁在羑里(今河南汤阴),文王在狱中把八卦相互重叠,推演为六十四卦。

⑩周公设天地四时之官:周公依照天地四时的名称设置百官。周公,生卒年不详,姓姬,名旦,周文王之子,周武王之弟,周成王之叔父。周公为西周开国元勋,是杰出的政治家、军事家、思想家。武王去世后,成王年幼,周公摄政,他制礼作乐,为西周典章制度的主要创制者,受到孔子的崇拜。周公执政时,按照天地四时的

名称设置百官，天官为百官之首，类似后世的宰相；地官掌土地及教育，春官掌礼制、祭祀、历法等事，夏官掌军政，秋官掌刑狱，冬官掌工程制造。

⑪三公：周代的三位最高行政长官，即太师、太傅、太保。

⑫以燮（xiè）理阴阳：以调和阴阳二气。燮，调理，协调。古人认为，阴阳二气相互调和，就能够生出万物。

⑬孔子欲无言：孔子想效法天道而不再讲话。《论语·阳货》："子曰：'予欲无言。'子贡曰：'子如不言，则小子何述焉？'子曰：'天何言哉？四时行焉，百物生焉，天何言哉？'"孔子说："我不想再讲话了。"子贡说："您如果不再讲话了，那么我们这些弟子该遵循什么样的原则去做人做事呢？"孔子说："上天讲过什么话吗？然而四季正常运行，万物顺利生长，上天又讲过什么话吗？"

⑭老聃建之以常无有：老子提出了永恒的"虚无"和"存在"的概念。常无有，即永恒的"无"和"有"。见《道德经》第一章。对此解释很多，一说"无"和"有"分别指空间和物质存在。一说二者都指大道，因为大道无形无象，看不见摸不着，故称其为"无"；大道虽然无形无象，但它确实存在，故称其为"有"。其他解释不再赘举。《庄子·天下》："关尹、老聃闻其风而悦之。建之以常无有，主之以太一，以濡弱谦下为表，以空虚不毁万物为实。"

⑮《阴符经》：道教著作。旧题黄帝撰，故又称《黄帝阴符经》，总共只有三百八十四字，真正的作者已无法考证，后人疑为唐代李筌伪作。

⑯宇宙在乎手：整个宇宙都把握在我的手中。上下四方谓之宇，指空间；古往今来谓之宙，指时间。

⑰万物生乎身：万物的生灭变化都由我自身掌控。

⑱术：方法，手段。

⑲刑名：即"形名"。是古代的一个重要学术术语，主要研究事物的

　　实体与其名称之间的关系。刑，通"形"。另外，古代各种刑罚的
　　名称，也叫"刑名"。度数：泛指各种制度与规则。

【译文】

　　我个人曾经评论说："天道与人道，未尝不是相辅相成的，古代的圣贤都是尽心尽力地去理解、运用天道与人道。帝尧非常恭敬地顺应着伟大的天道，帝舜研究日、月和金、木、水、火、土五星的运行规律，大禹按照秩序安排了九类治国大法，傅说向武丁陈述了天道，周文王把八卦相互重叠而形成六十四卦，周公依照天地四时的名称去设置百官，又任命了太师、太傅、太保三公，让他们协调阴阳二气。孔子想效法上天而不再开口讲话，老子提出了永恒的'虚无'和'存在'的概念。《阴符经》说：'整个宇宙都把握在我的手中，万物的生死变化都由我自身掌控。'对大道的掌握如果能够达到如此境界，那么就连鬼神的变化，都无法逃脱此人的掌控，更何况是名实、制度、规则这一类的事情呢！"

　　黄石公，秦之隐君子也。其书简，其意深，虽尧、舜、禹、文、傅说、周公、孔、老①，亦无以出此矣②。然则黄石公知秦之将亡，汉之将兴，故以此书授子房。而子房岂能尽知其书哉！凡子房之所以为子房者，仅能用其一二耳③。

【注释】

①虽：即使。文：指周文王。孔：指孔子。老：指老子。

②亦无以出此矣：也没有什么思想、学说可以超越这本《素书》的内
　　容。出，超越。此，代指《素书》。

③仅能用其一二耳：仅仅能够使用《素书》思想的十分之一二。意
　　思是说，就连张良如此杰出的人物，也无法完全理解《素书》的思
　　想精髓，只能使用其中很少一部分的策略。

【译文】

黄石公,是秦朝的一位隐士。他的《素书》文字简练,含意深邃,即使像唐尧、虞舜、夏禹、周文王、傅说、周公、孔子、老子这样的圣贤,他们的思想、学说也没能超越《素书》的内容。黄石公知道秦朝将要灭亡,而汉朝即将兴起,因此就把这本《素书》传授给了张良。然而张良这个人,又怎么能够完全理解这部书的深邃含意呢!张良之所以能够成为这样的张良,就是因为他仅仅能够使用《素书》中十分之一二的智慧而已。

书曰①:"阴计外泄者败②。"子房用之,尝劝高帝王韩信矣③。书曰:"小怨不赦,大怨必生④。"子房用之,尝劝高帝侯雍齿矣⑤。书曰:"决策于不仁者险⑥。"子房用之,尝劝高帝罢封六国矣⑦。书曰:"设变致权⑧,所以解结⑨。"子房用之,尝致四皓而立惠帝矣⑩。书曰:"吉莫吉于知足⑪。"子房用之,尝择留自封矣⑫。书曰:"绝嗜禁欲,所以除累⑬。"子房用之,尝弃人间事,从赤松子游矣⑭。

【注释】

①书:本段中的"书"皆指《素书》。

②阴计外泄者败:秘密计划被泄露出去,就一定会失败。此句见于本书《遵义章》。

③尝劝高帝王韩信矣:曾经劝告汉高祖刘邦封韩信为齐王。高帝,即汉高祖刘邦。王,用作动词。封王。韩信(? —前196),淮阴(今江苏淮安)人。西汉开国功臣,军事家,为"汉初三杰"之一,先被封为齐王,后改封为楚王。《史记·淮阴侯列传》:"汉四年,(韩信)遂皆降平齐,使人言汉王曰:'齐伪诈多变,反覆之国也,

南边楚,不为假王以镇之,其势不定。愿为假王便。'当是时,楚方急围汉王于荥阳,韩信使者至,发书,汉王大怒,骂曰:'吾困于此,旦暮望若来佐我,乃欲自立为王!'张良、陈平蹑汉王足,因附耳语曰:'汉方不利,宁能禁信之王乎?不如因而立,善遇之,使自为守。不然,变生。'汉王亦悟,因复骂曰:'大丈夫定诸侯,即为真王耳,何以假为!'乃遣张良往立信为齐王,征其兵击楚。"张商英认为,张良暗中劝告刘邦封韩信为王,就是遵循了《素书》"阴计外泄者败"这条原则。

④小怨不赦,大怨必生:小的怨恨不被宽赦,大的怨恨便会产生。这两句话见于本书《遵义章》。文渊阁《四库全书》本作"小怨不赦,大怨不生",据《百子全书》本改。

⑤尝劝高帝侯雍齿矣:曾经劝告汉高祖刘邦封雍齿为什方侯。侯,用作动词。封侯。雍齿(?—前192),秦末沛县(今江苏沛县)人,雍齿多次背叛、困辱刘邦,后来再次投降刘邦。刘邦平定天下之后,为安定军心,封雍齿为什方侯。《史记·留侯世家》:"六年,上已封大功臣二十余人,其余日夜争功不决,未得行封。上在雒阳南宫,从复道望见诸将往往相与坐沙中语。上曰:'此何语?'留侯曰:'陛下不知乎?此谋反耳。'上曰:'天下属安定,何故反乎?'留侯曰:'陛下起布衣,以此属取天下,今陛下为天子,而所封皆萧、曹故人所亲爱,而所诛者皆生平所仇怨。今军吏计功,以天下不足遍封,此属畏陛下不能尽封,恐又见疑平生过失及诛,故即相聚谋反耳。'上乃忧曰:'为之奈何?'留侯曰:'上平生所憎,群臣所共知,谁最甚者?'上曰:'雍齿与我故,数尝窘辱我。我欲杀之,为其功多,故不忍。'留侯曰:'今急先封雍齿以示群臣,群臣见雍齿封,则人人自坚矣。'于是上乃置酒,封雍齿为什方侯,而急趣丞相、御史定功行封。群臣罢酒,皆喜曰:'雍齿尚为侯,我属无患矣。'"张商英认为,张良劝刘邦封仇人雍齿为侯,体现了

张良牢记《素书》中"小怨不赦，大怨必生"的教导。

⑥决策于不仁者险：依据不仁之人的意见去制定国家的政策，一定会遇到危险。此句见于本书《遵义章》。

⑦尝劝高帝罢封六国矣：曾经劝告汉高祖刘邦不再分封六国后代为王。六国，指战国时代的齐、楚、燕、韩、赵、魏。《史记·留侯世家》："汉三年，项羽急围汉王荥阳，汉王恐忧，与郦食其谋桡楚权。食其曰：'昔汤伐桀，封其后于杞。武王伐纣，封其后于宋。今秦失德弃义，侵伐诸侯社稷，灭六国之后，使无立锥之地。陛下诚能复立六国后世，毕已受印，此其君臣百姓必皆戴陛下之德，莫不乡风慕义，愿为臣妾。德义已行，陛下南乡称霸，楚必敛衽而朝。'汉王曰'善。趣刻印，先生因行佩之矣。'食其未行，张良从外来谒。汉王方食，曰：'子房前！客有为我计桡楚权者。'具以郦生语告。曰：'于子房何如？'良曰：'谁为陛下画此计者？陛下事去矣。……且天下游士离其亲戚，弃坟墓，去故旧，从陛下游者，徒欲日夜望咫尺之地。今复六国，立韩、魏、燕、赵、齐、楚之后，天下游士各归事其主，从其亲戚，反其故旧坟墓，陛下与谁取天下乎？……诚用客之谋，陛下事去矣。'汉王辍食吐哺，骂曰：'竖儒！几败而公事！'令趣销印。"刘邦听从郦食其的建议，即《素书》说的"决策于不仁者险"，因此受到张良的坚决反对。

⑧设变致权：设想各种变化，采用权变手段。致，取得，采用。权，权变，就是在不违背基本原则的前提下所进行的灵活变通。

⑨所以解结：以此来解决各种复杂的矛盾。解结，打开绳结。比喻解决复杂的问题。按，以上两句话见本书《求人之志章》。

⑩尝致四皓而立惠帝矣：曾经请来商山四皓以稳固汉惠帝的太子之位。四皓，秦末汉初隐居于商山（今陕西商洛商州区）中的四位须眉皆白的老人。他们是东园公、绮里季、夏黄公、甪里先生。皓，白。这里指白发。惠帝，即汉惠帝刘盈（前210—前188）。

汉高祖刘邦嫡长子，母亲为吕后，西汉第二位皇帝。刘邦一度要废掉刘盈的太子位，张良设计请来商山四皓辅佐太子刘盈，从而打消了刘邦废太子的想法。《史记·留侯世家》："上欲废太子，立戚夫人子赵王如意。大臣多谏争，未能得坚决者也。吕后恐，不知所为。人或谓吕后曰：'留侯善画计策，上信用之。'吕后乃使建成侯吕泽劫留侯，曰：'君常为上谋臣，今上欲易太子，君安得高枕而卧乎？'……留侯曰：'此难以口舌争也。顾上有不能致者，天下有四人。四人者年老矣，皆以为上慢侮人，故逃匿山中，义不为汉臣。然上高此四人。今公诚能无爱金玉璧帛，令太子为书，卑辞安车，因使辩士固请，宜来。来，以为客，时时从入朝，令上见之，则必异而问之。问之，上知此四人贤，则一助也。'于是吕后令吕泽使人奉太子书，卑辞厚礼，迎此四人。四人至，客建成侯所。……汉十二年，上从击破布军归，疾益甚，愈欲易太子。……及燕，置酒，太子侍。四人从太子，年皆八十有余，须眉皓白，衣冠甚伟。上怪之，问曰：'彼何为者？'四人前对，各言名姓，曰东园公、角（甪）里先生、绮里季、夏黄公。上乃大惊，曰：'吾求公数岁，公辟逃我，今公何自从吾儿游乎？'四人皆曰：'陛下轻士善骂，臣等义不受辱，故恐而亡匿。窃闻太子为人仁孝，恭敬爱士，天下莫不延颈欲为太子死者，故臣等来耳。'上曰：'烦公幸卒调护太子。'……竟不易太子者，留侯本招此四人之力也。"张良请商山四皓辅佐刘盈，就体现了"设变致权，所以解结"这一策略。

⑪吉莫吉于知足：最吉祥的心态，莫过于知足常乐。此句见于本书《本德宗道章》。

⑫尝择留自封矣：曾经选择留作为自己的封地。留，地名。一在今江苏沛县东南，一在今河南偃师西南。张良所封的留指前者，即今江苏沛县一带。《史记·留侯世家》："汉六年正月，封功臣。良未尝有战斗功，高帝曰：'运筹策帷帐中，决胜千里外，子房功也。

自择齐三万户。'良曰:'始臣起下邳,与上会留,此天以臣授陛下。陛下用臣计,幸而时中,臣愿封留足矣,不敢当三万户。'乃封张良为留侯,与萧何等俱封。"

⑬绝嗜禁欲,所以除累:断绝各种过分的嗜好与欲望,可以消除许多的牵累。嗜,嗜好,欲望。所以,……方法。累,牵累,烦恼。这两句话见于本书《求人之志章》。

⑭从赤松子游矣:与赤松子之类的修仙者交往去了。赤松子,传说中的神仙。这里泛指学道修仙之人。游,交游,交往。《史记·留侯世家》:"留侯乃称曰:'家世相韩,及韩灭,不爱万金之资,为韩报雠强秦,天下振动。今以三寸舌为帝者师,封万户,位列侯,此布衣之极,于良足矣。愿弃人间事,欲从赤松子游耳。'乃学辟谷,道引轻身。会高帝崩,吕后德留侯,乃强食之,曰:'人生一世间,如白驹过隙,何至自苦如此乎!'留侯不得已,强听而食。"

【译文】

《素书》说:"秘密计划被泄露出去,就一定会失败。"张良使用这条策略,曾经暗中劝告汉高祖刘邦封韩信为齐王。《素书》说:"小的怨恨不被宽赦,大的怨恨便会产生。"张良使用这条策略,曾经劝告汉高祖刘邦早点封与自己结过仇怨的雍齿为什方侯。《素书》说:"依据不仁之人的意见去制定国家的政策,一定会遇到危险。"张良使用这条策略,曾经劝告汉高祖刘邦不要去分封战国时期六国的后代。《素书》说:"设想各种变化,采用权变手段,以此来解决各种复杂的矛盾。"张良使用这条策略,曾经设计请来商山四皓以稳固刘盈的太子之位。《素书》说:"最吉祥的心态,莫过于知足常乐。"张良使用这一条策略,曾经只选择留作为自己的封地。《素书》说:"断绝各种过分的嗜好与欲望,可以消除许多的牵累。"张良使用这条策略,曾经抛弃人世间的所有事务,想与赤松子之类的修仙者交往。

嗟乎^①！遗粕弃滓^②，犹足以亡秦、项而帝沛公^③，况纯而用之、深而造之者乎^④！

【注释】

①嗟乎：感叹词。

②遗粕弃滓（zǐ）：应该被遗弃的糟粕残渣。比喻《素书》中的一些皮毛知识。粕，糟粕。滓，渣滓。张商英认为，张良并没有把握住《素书》的精髓，只是学到一些皮毛而已。

③项：指项羽（前232—前202）。名籍，字羽，下相（今江苏宿迁）人。项羽先与刘邦共同反秦，灭秦后，项羽自立为西楚霸王，定都彭城（今江苏徐州），封刘邦为汉王。后来项羽与刘邦争夺天下，兵败垓下，自刎于乌江。帝，用作动词。辅佐……成为帝王。沛公，指刘邦。刘邦刚刚起兵时，号为沛公。

④况纯而用之：更何况能够完全使用《素书》中的智慧。纯，纯粹，完全。深而造之者乎：深刻领会其中奥妙的人呢！造，到……去，达到。这里指达到完全领会《素书》精髓的程度。之，代指《素书》。

【译文】

哎！张良仅仅使用了《素书》中的一些皮毛智慧，就足以能够推翻秦王朝，打败西楚霸王项羽，辅佐刘邦建立帝业，更何况那些能够完全使用《素书》智慧、深刻领悟其中精髓的人呢！

自汉以来，章句、文辞之学炽^①，而知道之士极少^②。如诸葛亮、王猛、房乔、裴度等辈^③，虽号为一时贤相，至于先王大道^④，曾未足以知仿佛^⑤，此书所以不传于不道、不神、不圣、不贤之人也。

【注释】

①章句、文辞之学炽：解释经典字句、撰写文学作品的风气极盛。章句，研究、分析古书的章节与句读，即今天讲的训诂学。文辞，文学作品，文学创作。炽，昌盛。文渊阁《四库全书》本"文辞"作"文章"，据《百子全书》本改。

②知道：懂得大道。

③诸葛亮（181—234）：字孔明，号卧龙，阳都（今山东沂南）人，三国时期蜀汉的丞相，杰出的政治家。王猛（325—375），字景略，北海郡剧县（今山东寿光）人。前秦时的丞相、政治家、军事家。房乔（578—648），即房玄龄，名乔，字玄龄，齐州临淄（今山东淄博临淄区）人。唐朝初年的著名丞相。裴度（765—839），字中立，河东闻喜（今山西闻喜）人。唐朝中期的著名丞相。

④先王：指从前的圣明君王，如尧、舜、禹、商汤、文王、武王等。

⑤仿佛：大致模样。

【译文】

自从汉朝以来，解释古书字句、创作文学作品的风气极盛，但真正懂得大道的人士极少。像诸葛亮、王猛、房玄龄、裴度等人，虽然都号称冠绝一时的贤相，但对于前代圣王的大道，他们竟然连其大致模样都认识不到，这就是本书之所以不能传给那些言行不符合大道、没有超常灵气、不具备圣人道德、没有贤士品性之人的原因。

离有离无之谓道①，非有非无之谓神②，有而无之之谓圣③，无而有之之谓贤④。非此四者⑤，虽口诵此书⑥，亦不能身行之矣。

宋张商英天觉撰⑦。

【注释】

①离有离无之谓道：既谈不上是存在，也谈不上是虚无，这就是大道。道，就是万事万物的规律。规律，我们看不见，摸不着，从这个角度看，道似乎是"无"；规律，我们虽然看不见，摸不着，但它确实存在，从这个角度看，它又似乎是"有"。可以说，大道超越了"有"与"无"这种属于物质化的特性。这里的"道"指得道之人。

②非有非无之谓神：人们无法知道他的成功是依靠什么智慧，还是没有依靠什么智慧，这就叫具有超常的灵气。《周易·系辞》："阴阳不测之谓神。"《孟子·尽心下》："圣而不可知之之谓神。"朱熹《孟子集注》："程子曰：'圣不可知，谓圣之至妙，人所不能测。非圣人之上，又有一等神人也。'"所谓"神"，就是指一个人做事极为成功，而人们又无法知道其成功的原因。从这个角度讲，此人的智慧似乎是"无"；但此人做事成功，肯定有其智慧与原因，从这个角度讲，又是"有"。这里的"神"指具有如此才华的人。

③有而无之之谓圣：满怀智慧而看起来却一无所有，这就是圣人。《史记·老子韩非列传》记载，孔子曾经单车赴周，问礼于老子，老子告诫孔子说："良贾深藏若虚，君子盛德，容貌若愚。"优秀的商人虽然家藏万贯财货，表面上看起来却好像一无所有；道德高尚的圣贤内心充满了美德，表面上看起来却好像憨愚无知，即人们常说的"大智若愚"。

④无而有之之谓贤：本来没有多少智慧，通过修养学习而获取了智慧，这就是贤人。

⑤非此四者：除了这四种人。四者，指上述的得道之人、具有超常灵气的人、圣人、贤人。

⑥诵：背诵。理解为"诵读"亦可。

⑦宋张商英天觉撰：宋代人张商英（字天觉）撰写。张商英

（1043—1121），字天觉，号无尽居士，蜀州新津（今四川成都）人。进士出身，北宋后期宰相。宋高宗绍兴年间，追谥文忠。文渊阁《四库全书》本作"张商英天觉序"。

【译文】

能够超越所谓"有智慧"与"无智慧"之上的人，叫得道之人；做事极为成功而人们又无法知道其成功原因的人，叫具有超常灵气的人；满怀智慧而表面上看起来却一无所有的人，叫圣人；本来没有多少智慧，通过修养学习而获取智慧的人，叫贤人。除了这四种人，即使每天背诵这本书，也没有能力在实践中去运用其中的智慧啊。

宋代张商英（字天觉）撰写此序。

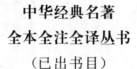

中华经典名著
全本全注全译丛书
（已出书目）